Reinhold Eberhardt
Walter Franz

Mobilfunknetze

Technik · Systeme · Anwendungen

Mit 44 Bildern

vieweg

Die Deutsche Bibliothek – CIP-Einheitsaufnahme

Eberhardt, Reinhold:
Mobilfunknetze: Technik, Systeme, Anwendungen /
Reinhold Eberhardt; Walter Franz. – Braunschweig;
Wiesbaden: Vieweg, 1993
    ISBN-13: 978-3-322-83114-9   e-ISBN-13: 978-3-322-83113-2
    DOI: 10.1007/978-3-322-83113-2

NE: Franz, Walter:

Der Verlag Vieweg ist ein Unternehmen der Verlagsgruppe Bertelsmann International.

Gedruckt auf säurefreiem Papier

ISBN-13: 978-3-322-83114-9

Inhaltsverzeichnis

Reinhold Eberhardt
Walter Franz

Mobilfunknetze

1 Mobilkommunikation

Funksysteme werden zur Übertragung von Information in Form von Sprache, Daten und Bildern bereits seit einigen Jahrzehnten verwendet. Doch während sich Sprachübertragung innerhalb des Telefondienstes in leitungsgebundenen Netzen zum Kommunikationsmittel für jedermann entwickelte, blieb die Kommunikation über Funk lange Zeit auf spezielle Gebiete beschränkt.

Durch die ständige Weiterentwicklung der Hard- und Softwaretechnologie wurden in den letzten Jahren die technischen Voraussetzungen dafür geschaffen, um funkgestützte Mobilkommunikation aus ihrem Nischendasein herauszuführen und der breiten Öffentlichkeit zugänglich zu machen.

Dabei werden nicht wie in den bestehenden Funksystemen regionale bzw. nationale Lösungen angestrebt, sondern es werden durch Standardisierungsbemühungen paneuropäische Funknetze und -dienste spezifiziert, mittlerweile zum Teil bereits implementiert, bzw. bereits betrieben. Sowohl für Systemhersteller als auch für Diensteanbieter und Netzbetreiber eröffnen sich dadurch neue Dimensionen.

Unterstützt werden diese Bestrebungen durch die Liberalisierung im Umfeld der Telekommunikation, so daß für die nächsten Jahre ein explosionsartiges Wachstum für alle Ausprägungen von Funkdiensten erwartet werden darf.

In diesem Buch wird auf die bestehenden, bzw. sich in der Normung oder Einführung befindlichen Funkkommunikationsdienste bzw. -systeme eingegangen. Dabei werden insbesondere die in Deutschland eingesetzten und die zukünftigen paneuropäischen Mobilfunktechnologien betrachtet.

Dieses Buch ermöglicht es dem Leser, die Tendenzen, die sich in der Funkkommunikation abzeichnen, nachzuvollziehen. Zu diesem Zweck sind die wichtigsten bestehenden Funkkommunikationssysteme in Kapitel 2 übersichtsartig aufgeführt und kurz beschrieben. Die weiteren Kapitel gehen auf spezielle Systeme detaillierter ein. Dabei werden insbesondere die Funknetze und -dienste, die in Deutschland eine besondere Rolle spielen, hervorgehoben. In den Kapiteln drei bis sechs werden ausgewählte Vertreter dieser Systeme behandelt. Kapitel 7 bezieht sich auf in der Normung und im Forschungsstadium befindliche zukünftige Systeme.

Der erste der beiden Abschnitte dieses Kapitels führt in die Problematik der kommerziell genutzten bzw. geplanten Mobilfunksysteme ein. Dabei wird das Feld umrissen, in das sich die im weiteren Verlauf des Buches behandelten Themengebiete einordnen.

Der zweite Abschnitt dieses Kapitels behandelt technische Grundlagen der Übertragungs- bzw. Kommunikationstechnik. Dort werden die wichtigsten Parameter und Verfahren von Funksystemen, die als Basis für das weitere Verständnis dienen, hergeleitet und beschrieben.

1.1 Einführung

Kommunikation ist ein Grundmerkmal menschlicher Zivilisation. Je weiter entwickelt eine Gesellschaftsstruktur ist, desto größer ist das Bedürfnis nach Informationsverbreitung, Erfahrungs- und Nachrichtenaustausch.

Auch in unserer Gesellschaftsstruktur tritt neben der Erfassung, Bearbeitung und Verwaltung von Information deren Verbreitung und Verfügbarkeit immer stärker in den Vordergrund.

So erlaubt die ständige Weiterentwicklung der Informationstechnik auch die ständige Verbesserung der Kommunikationstechnik und umgekehrt.

War in der ersten Hälfte dieses Jahrhunderts die Übertragung von menschlicher Sprache durch das Telefon neben der Telegraphie das dominierende Kommunikationsmittel, so stieg in den letzten Jahrzehnten und Jahren die Bedeutung der Übertragung von Nachrichten in digitaler Form, sei es im lokalen oder im überregionalen Bereich, sprunghaft an.

Parallel dazu wurde das Telefon im privaten sowie im geschäftlichen Bereich unverzichtbar. Die ständige Weiterentwicklung der Übertragungs- und Vermittlungseinrichtungen führt schließlich dazu, daß die ihrem Wesen nach analogen Sprachsignale in zunehmenden Maße digitalisiert übertragen werden. Dies ist eine Voraussetzung für die Integration verschiedenster Nachrichtenarten in diensteintegrierenden Netzen.

Neben der Kommunikation in leitungsgebundenen Netzen wurden für bestimmte Bereiche, wie Seefahrt, Rundfunk und Militär, Techniken zur drahtlosen Kommunikation entwickelt und eingesetzt. Drahtlose Kommunikation unterscheidet sich aus Benutzersicht u.a. durch zwei grundlegende Eigenschaften von leitungsgebundener Kommunikation:

- Da das Endgerät nicht an eine Leitung angeschlossen ist, ist es nicht an einen bestimmten Anschluß gebunden und somit mobil.
- Zum anderen können bzw. müssen Funkwellen nicht an ein bestimmtes Endgerät vermittelt werden, sondern können prinzipiell von allen Empfängern in der Ausleuchtzone des Senders empfangen werden.
- Diese Eigenschaften erweisen sich für bestimme Anwendungsgebiete als geradezu ideal. So können Verbindungen in unerschlossene Gebiete aufgebaut werden, ohne daß eine Infrastruktur (Vermittlung, Leitungen) erstellt werden muß. Der Empfänger ist weiterhin nicht an vorher installierte Einrichtungen gebunden, sondern kann mit seinem Endgerät an nahezu beliebigen Orten erreicht werden, natürlich nur, sofern keine Abschattung der Funkwellen vorliegt.
- Weiterhin ermöglichen Funkwellen eine sehr elegante Übertragung von Verteildiensten, wie Rundfunk und Fernsehen.

Insgesamt kann man sagen, daß sich die Funkkommunikation überall dort, wo eine Verkabelung unwirtschaftlich oder unmöglich ist, aufgrund oben genannter Eigenschaften durchgesetzt hat und diese Nischen besetzt.

Während in leitungsgebundenen Netzen der hauptsächlich begrenzende Faktor durch die zu errichtende Netzinfrastruktur bestimmt wird, ist die Kapazität der Funknetze in besonderem Maße durch den zur Verfügung stehenden Frequenzbereich und durch die physikalischen Eigenschaften von Funkwellen in der Erdatmosphäre bestimmt.

Die knappe Ressource Frequenz erzwingt daher eine ausgefeilte Technik, um die Funkkommunikation aus dem Nischendasein herauszuführen und der breiten Öffentlichkeit zugänglich zu machen. Nutzt die breite Öffentlichkeit Funksysteme nicht nur als Verteildienst, sondern zur zweiseitigen Punkt-zu-Punkt-Kommunikation, so muß der großen Anzahl von Sendestationen eine große Anzahl von Funkverkehrskanälen zur Verfügung gestellt werden.

Ansätze dafür sind seit den fünfziger Jahren bekannt und entsprechende Techniken werden weltweit eingesetzt. So wurden bzw. werden in der BRD z.B. Funktelefonsysteme (Netze A, B) oder der Betriebsfunk seit dieser Zeit eingesetzt. Doch erst in den achtziger Jahren war die Informations- bzw. die Kommunikationstechnik so weit entwickelt, daß neue Systeme mit hohen Kapazitäten die Funktechnik für einen breiten Anwenderkreis erschwinglich erscheinen ließen.

Für die neunziger Jahre wird ein explosionsartiges Wachstum der Funktelekommunikation weltweit und insbesondere in Europa vorausgesagt. Neben der jetzt zur Verfügung stehenden Technik wurden auch die organisatorischen Rahmenbedingungen für den sich abzeichnenden riesigen und schnell wachsenden Markt geschaffen.

Die traditionellen Netzbetreiber, die in der Regel von den nationalen Postgesellschaften gebildet wurden, mußten und müssen in vielen Schlüsselländern (Großbritannien, USA, Japan, BRD) ihr Monopol abgeben bzw. auf bestimmte Gebiete einschränken und sich dem Wettbewerb mit privaten Netzanbietern stellen.

Internationale Normungsgremien definieren Systeme, die länderübergreifend eingesetzt und betrieben werden. Daraus resultieren große Stückzahlen. Diese wiederum ermöglichen kostengünstige Endgeräte, die dann den Markt für die breiten Massen erschließen.

Dem Anwender in der Bundesrepublik Deutschland eröffnet sich so die Möglichkeit zur Nutzung der Funkkommunikation zur Sprach- und Datenübertragung.

Dabei kann er auf eine breite Palette von Funkdiensten zurückgreifen. Die Funkdienste, für die ein zukünftiger Massenmarkt prognostiziert wird, sind in Abbildung 1.1 in folgende vier Hauptgruppen gegliedert.

- Mobiltelefonsysteme
- Funkrufsysteme
- Telepoint
- Bündelfunksysteme

Jede dieser Gruppen bildet eine Klasse von Funkdiensten, die sich in Bezug auf Funktionalität, Anwendungsgebiet, Kosten- und Infrastruktur unterscheidet.

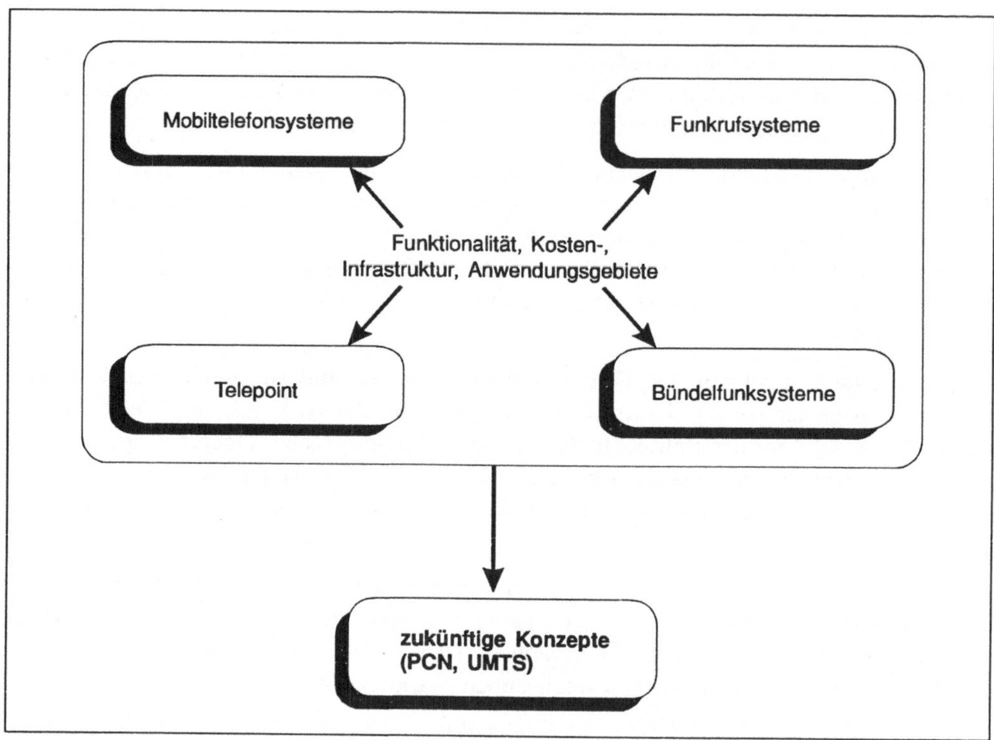

Bild 1.1 Spannungsfeld von Funkdiensten für Massenanwendungen, PCN: „Personal Communication Network", UMTS: „Universal Mobile Telecommunication System" (siehe Kapitel 2 und 7)

So werden unter Mobiltelefonsystemen Funknetze verstanden, die das leitungsgebundene Telefonnetz um eine mobile Komponente erweitern. Den Nutzern dieser Systeme wird es ermöglicht, sich von deren mobilen Endgeräten in das Telefonnetz einzuwählen, bzw. aus dem Telefonnetz heraus angerufen zu werden. Diese Dienste werden flächendeckend angeboten, d.h. sie beschränken sich nicht auf ausgezeichnete lokale Zentren. Ältere Mobiltelefonnetze sind auf reine Sprachübertragung ausgelegt. Parallel zur Entwicklung des leitungsgebundenen Telefonnetzes hin zum diensteintegrierenden ISDN erlauben neuentwickelte Funknetze neben der Sprachübertragung auch die Übermittlung von Daten. Da auch diese Netze jedoch primär für Sprachübertragung ausgelegt und optimiert wurden und die Sprachübertragung auch längerfristig der wichtigste Dienst in diesen Netzen sein wird, werden des weiteren auch diese Netze ungeachtet ihrer Fähigkeit zur Datenübertragung als Mobiltelefonsysteme bezeichnet. Beispiele von Mobiltelefonnetzen sind insbesondere die in Deutschland eingesetzten bzw. sich im Aufbau befindlichen Netze A, B, C, D1 und D2. Auf die in Deutschland eingesetzten Mobiltelefonsysteme wird in Kapitel 3 eingegangen.

Funkrufsysteme werden eingesetzt, um einem Teilnehmer ein Signal oder eine kurze Nachricht zu übermitteln. Der gerufene Teilnehmer kann den Ruf zwar empfangen, er kann jedoch mit seinem Funkrufempfänger nicht antworten. Die Eigenschaften von Funkrufsystemen werden in Kapitel 4 behandelt.

Telepoint (Kapitel 5) ist eine neue Form eines Mobilfunkdienstes. Telepoint bietet seinen Nutzern die Möglichkeit, in der Nähe von Basisstationen zu telefonieren. Da solche Basisstationen in der ersten Phase an öffentlichen Fernsprechzellen installiert werden, wird Telepoint mitunter als zukünftige Ergänzung bzw. Ersatz von öffentlichen Fernsprechzellen angesehen.

Bündelfunksysteme sind auf kommerzielle Anwendungen hin optimiert. Geschlossene Benutzergruppen, wie z.B. Unternehmen mit mobilen Außendienstmitarbeitern können sehr schnell und einfach Verbindungen aufbauen und kommunizieren. Dies kann z.B. durch einen einfachen Tastendruck geschehen. Bündelfunksysteme sind zur Durchsage von kurzen Nachrichten wie Anweisungen oder Meldungen zur Organisation eines Geschäftsbetriebs besonders gut geeignet. Heutige Bündelfunksysteme sind vornehmlich zur Übertragung von Sprache ausgelegt. Es gibt allerdings auch Entwicklungen, die auf Datenübertragung spezialisiert sind. Bündelfunknetze können eine Schnittstelle zum öffentlichen Telefonnetz beinhalten. Diese ist jedoch im Gegensatz zu den Mobiltelefonsystemen nicht wesentlicher Bestandteil des Systems. In Bündelfunknetzen steht die Kommunikation innerhalb geschlossener Benutzergruppen im Vordergrund. Bündelfunksysteme werden in Kapitel 6 im Detail beschrieben.

Daneben existieren weitere kommerziell eingesetzte Funktechniken, die jedoch auf die Nutzung durch eine ganz spezielle Marktnische ausgerichtet sind. Solche Systeme sind z.B. die Satelliten- oder die Richtfunktechnik.

Doch die Entwicklung bleibt nicht stehen. In den Normungsgremien und in der Forschung werden bereits neue Systeme diskutiert bzw. implementiert, die die Integration der in Bild 1.1 aufgeführten Dienstgruppen in einem Funknetz mit einer Technologie ermöglichen werden.

1.2 Technische Grundlagen von Funksystemen

In diesem Abschnitt werden die technischen Grundlagen erläutert, die für das Verständnis der in den folgenden Kapiteln beschriebenen Funksysteme notwendig sind. Insbesondere werden die technischen Kenngrößen erklärt, die in den weiteren Kapiteln die Eigenschaften der Funksysteme und damit auch deren Dienste bestimmen.

Zunächst werden im Unterabschnitt „Übertragungstechnische Grundlagen" anhand eines einfachen Modells die Eigenschaften des Funkkanals, die prinzipielle Natur von zu übertragenden Signalen und Verfahren zur Modulation bzw. Codierung von Signalen beschrieben.

Der zweite Unterabschnitt „Grundlagen moderner Kommunikationssysteme" befaßt sich mit der Organisation und dem Aufbau moderner Kommunikationssysteme. Im Gegensatz zum ersten Unterabschitt wird nicht mehr ein Übertragungsvorgang isoliert betrachtet, sondern es werden Kommunikationssysteme als eine endliche Anzahl von Sende- und Empfangsstationen aufgefaßt. Die Funkstationen kommunizieren untereinander nach definierten Regeln, den sogenannten Protokollen.

1.2.1 Übertragungstechnische Grundlagen

In Bild 1.2 ist ein vereinfachtes Modell eines Übertragungsvorgangs in einem Kommunikationssystem dargestellt. Ausgehend von einer Nachrichtenquelle wird ein Signal einer
Sendeeinrichtung übergeben. Diese formt das Signal um und sendet es über einen Übertragungskanal an eine Empfangseinrichtung. Die Algorithmen, die dabei durchlaufen
werden, werden in Quellen- bzw. Kanalcodierung unterteilt.

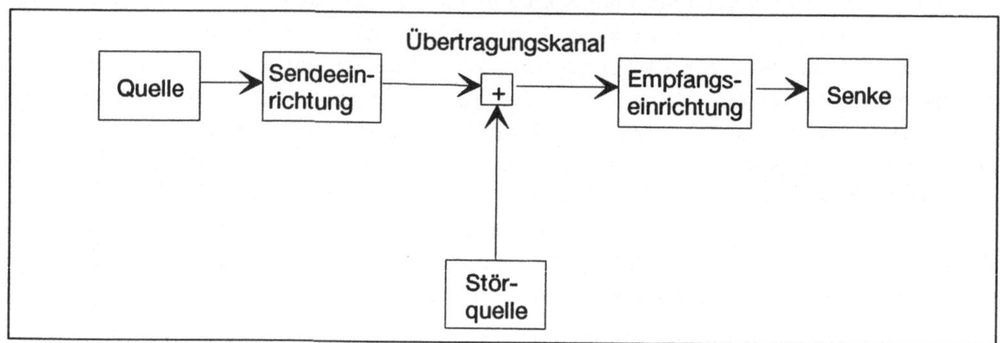

Bild 1.2 Modell eines Übertragungsvorgangs

Die Quellencodierung dient dazu, in Quellsignalen vorhandene Redundanzen zu verringern und damit den Umfang der zu übertragenden Signale zu minimieren. Als redundant
wird ein Signal bezeichnet, wenn es mehr Daten umfaßt, als für die Darstellung der im
Signal enthaltenen Information notwendig ist.

Durch die Kanalcodierung wird das zu übertragende Signal umgewandelt und an die
Eigenschaften des Übertragungskanals angepaßt.

Auf dem Übertragungskanal wird das Sendesignal verzerrt. In unserem Modell wird
diese Verzerrung durch eine Störquelle nachgebildet. Ein Auftreten von Störungen ist für
jeden Übertragungsvorgang unabhängig vom Übertragungsmedium typisch.

So tritt bei allen elektrischen Leitern und Widerständen, also auch in den Sende- und
Empfangseinrichtungen und auch in elektrischen Leitungen, das sogenannte thermische
Rauschen auf. Dieses entsteht u. a. durch statistische Bewegungen der Elektronen. Speziell im Funkkanal tritt zudem das sogenannte Empfangsrauschen auf, das sich aus elektromagnetischer Strahlung natürlichen und technischen Ursprungs zusammensetzt.

Unterschiedliche Übertragungskanäle verursachen unterschiedlich starke und charakteristische Störverhalten. So treten bei Lichtwellenleitern äußerst wenig Störungen auf. In
Kupferleitungen macht sich thermisches Rauschen bemerkbar. Außerdem sind diese prinzipiell störbar durch von außen einkoppelnde elektromagnetische Strahlung, was sich
z.B. bei nahe beieinanderliegenden Telefonleitungen als Übersprechen bemerkbar
machen kann. Durch geeignete Abschirmtechniken kann man die Einkopplungen minimieren. Besonders anfällig gegen Störungen ist der Übertragungskanal bei Funkübertragung.

Auf typische Störverhalten des Funkkanals und geeignete Gegenmaßnahmen wird weiter unten eingegangen.

Das übertragene Signal wird von der Empfangseinrichtung empfangen und wieder aufbereitet. Dabei wird die in der Sendeeinrichtung vorgenommene Quellen- und Kanalcodierung rückgängig gemacht, mit dem Ziel, das Quellensignal in möglichst oder zumindest hinreichend guter Qualität zu reproduzieren.

Wie oben bereits angedeutet wurde, ist der Übertragungskanal bei Funkübertragung besonders störanfällig. Typische Störquellen sind einmal das überall vorhandene Rauschen im Übertragungsweg und das thermische Rauschen in den Übertragungseinrichtungen. Hinzu kommen atmosphärische Störungen wie z.B. Gewitter oder störende Sonnenaktivitäten. Weiterhin können Funkwellen an Hindernissen oder atmosphärischen Schichten reflektiert, gebeugt bzw. gebrochen werden. Nicht zuletzt werden Funkwellen in unterschiedlichen Luftschichten verschieden stark gedämpft. Alle diese Effekte betreffen unterschiedliche Frequenzbereiche unterschiedlich stark und führen zu Verzerrungen des Signals [Fre 87].

Für Mobilfunksysteme macht sich insbesondere der Effekt des Mehrwegeempfangs ([Bos 91], [Chn 90]) äußerst störend bemerkbar. Unter Mehrwegeempfang versteht man das Phänomen, daß das gesendete Signal im allgemeinen bei terrestrischen Mobilfunksystemen an der Empfangsantenne nicht nur einmal, sondern mehrmals empfangen wird. Dieser Effekt tritt auf, da ein ungebündeltes Funksignal an unterschiedlichen Hindernissen reflektiert bzw. gebeugt werden kann und somit auf unterschiedlichen Wegen zum Empfänger gelangt. Jeder Weg besitzt eine charakteristische Länge und somit benötigt das Signal auf jedem Weg eine charakteristische Zeit bis zur Empfangsantenne. Dort überlagern sich die Empfangssignale. Da diese jedoch durch die unterschiedlichen Laufzeiten nicht mehr phasengleich addiert werden, kann sich das Signal in günstigen Fällen verstärken, in ungünstigen jedoch abschwächen oder gar auslöschen.

Ob der Effekt verstärkend oder abschwächend wirkt, hängt dabei einmal von der Wellenlänge bzw. Frequenz des Funksignals, zum andern vom Ort des Empfängers ab. Der Effekt des Mehrwegeempfangs kann gemildert werden, indem z.B. sowohl Sender als auch Empfänger in einer sehr schnellen Folge die Sendefrequenz wechseln. Dadurch treten starke Abschwächungen, die zur Unkenntlichkeit der Signale führen, nur sporadisch auf. Diese sporadischen Fehler können durch Fehlererkennung bzw. -korrektur wie an späterer Stelle beschrieben, korrigiert werden. Oben beschriebenes Verfahren wird „Frequency Hopping" genannt ([PSM 82]). Weiterhin wurden Verfahren entwickelt, die es erlauben, während der Kommunikation das Verhalten des Funkkanals zu messen und die Verzerrungen des empfangenen Signals aufgrund dieser Messungen zu neutralisieren. Da sich dabei der Empfänger an das Verhalten des Funkkanals anpaßt, werden diese Verfahren als adaptive Entzerrung bezeichnet.

Im weiteren Verlauf dieses Abschnittes werden wichtige Grundlagen der Übertragungstechnik genauer beschrieben. Neben den oben bereits angedeuteten Verfahren zur Quellen- und Kanalcodierung sind dies insbesondere die Themen „Unterscheidung von analogen und digitalen Signalen", „Frequenzspektrum" und „Übertragungsrichtungen von Kommunikationssystemen".

Analoge und digitale Signale

In der Kommunikations- und Informationstechnik wird zwischen „analogen" und „digitalen" Signalen unterschieden. Analoge Signale sind wie in Bild 1.3 dargestellt wert- und zeitkontinuierlich. Dies bedeutet, daß analoge Signale alle denkbaren Zwischenwerte zu jeder beliebigen Zeit annehmen können.

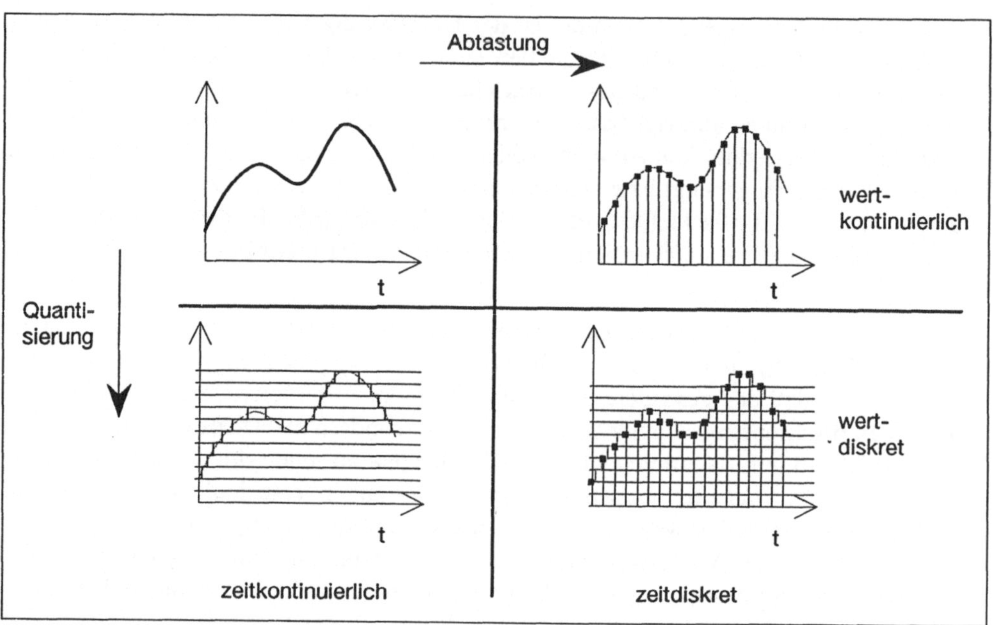

Bild 1.3 Kontinuierliche bzw. diskrete Signale

Digitale Signale sind sowohl in ihrer Amplitude als auch in ihrem zeitlichen Verlauf diskret. Das heißt, solche Signale können nur genau definierte Amplitudenwerte annehmen und nur zu genau vordefinierten Zeiten ihre Amplitude wechseln.

Digitale Signale besitzen den Vorteil, daß Störgeräusche sich erst ab einer gewissen Obergrenze bemerkbar machen. Bei geringen Verzerrungen wird die empfangene Amplitude dem diskreten Wert richtig zugeordnet. Dadurch können Störungen bis zu einer gewissen Grenze korrigiert werden. Man spricht in diesem Zusammenhang von der Regeneration des digitalen Signals. Ein Fehler tritt jedoch immer dann auf, wenn eine Störung des digitalen Signals so groß ist, daß das empfangene Signal dem falschen wertdiskreten Zustand zugeordnet wird.

Da das analoge Signal wertkontinuierlich ist, kann es auf diese Weise nicht regeneriert werden.

Ein Nachteil der digitalen Übertragung liegt im Quantisierungsfehler. Dieser entsteht bei der Wandlung analoger Signale in ihre digitale Darstellung. Wie aus Bild 1.3 ersichtlich ist, erfolgt bei der Quantisierung, d.h. bei der Zuordnung der wertkontinuierlichen

Amplitude zu einer wertdiskreten, eine Verzerrung des Signals. Diese ist um so größer, je weniger Quantisierungsstufen verwendet werden.

Frequenzspektrum

Die Frequenzbereiche des Frequenzspektrums sind in Deutschland in der Norm DIN 40015 bezeichnet ([DIN 40015]). Das in dieser Norm aufgeführte Frequenzspektrum beginnt bei 0,3 Hz und geht bis zu 3 THz. Bild 1.4 können die Bezeichnungen der Frequenzbereiche oberhalb 3 kHz entnommen werden.

Die Wellenlänge und die Frequenz elektromagnetischer Wellen stehen durch die Gleichung

$$c = f * \lambda$$

zueinander in Beziehung. „λ" bezeichnet dabei die Wellenänge, „c" die Lichtgeschwindigkeit und „f" die Frequenz.

Die in diesem Buch beschriebenen Mobilfunksysteme werden in einem Frequenzbereich von rund hundert Megahertz bis zu einigen Gigahertz betrieben. Wie aus Bild 1.4 ersichtlich, fallen die höheren dieser Frequenzen in den UHF-Bereich und die niedrigeren in den VHF-Bereich.

Quellencodierung

Quellencodierung wird vor allem bei digitalen Signalen angewendet, um die zu übertragende Datenmenge zu verringern. Dies ist immer dann möglich, wenn ein Signal Redundanz enthält. Beispielsweise enthalten Bild- und Sprachsignale redundante Information.

Da das für die Funkübertragung genutzte Frequenzband sehr knapp bemessen ist, müssen Funkkommunikationsgeräte derart entwickelt werden, daß der Funkkanal so wenig Bandbreite wie möglich belegt. Unter Bandbreite versteht man dabei die Breite des für die die Übertragung verwendeten Frequenzspektrums.

Bei analogen Signalen bedeutet dies, daß das für die Übertragung eingesetzte Frequenzband möglichst klein gehalten werden muß. Bei digitaler Übertragung führt die Beschränkung der Bandbreite weiterhin zu der Forderung, die Datenraten zu minimieren.

Die Quellencodierung bewirkt eine solche Datenreduktion, indem versucht wird, die für den jeweiligen Anwendungszweck notwendige Information aus dem Eingangssignals zu extrahieren und nur diese zu übertragen. Die bestehenden Verfahren für die Quellencodierung von Sprachsignalen werden nach ihrer prinzipiellen Vorgehensweise in zwei Klassen eingeordnet ([Tut 90]).

Verfahren des „Waveform Coding" bilden das analoge Signal nach seiner Abtastung durch an das Ursprungssignal angepaßte redundanzmindernde Quantisierung ab. Die Redundanz kann z.B. dadurch verringert werden, indem man keine lineare Quantisierung verwendet, sondern für diejenigen Amplituden des analogen Signals, die die wesentlichen Eigenschaften des Signals nur wenig bestimmen, größere Quantisierungsstufen ein-

Bezeichnung (Frequenz)	Bezeichnung (Wellenlänge)	Frequenzen	Wellenlänge
	Mikrometer-wellen	300 GHz bis 3 THz	1 mm bis 0,1 mm
Extremly High Frequencies (EHF)	Millimeter-wellen	30 GHz bis 300 GHz	1 cm bis 1 mm
Super High Frequencies (SHF)	Zentimeterwellen (Mikrowellen)	3 GHz bis 30 GHz	10 cm bis 1 cm
Ultra High Frequencies (UHF)	Dezimeterwellen (Ultrakurzwellen)	300 MHz bis 3 GHz	1 m bis 10 cm
Very High Frequencies (VHF)	Meterwellen (Ultrakurzwellen)	30 MHz bis 300 MHz	10 m bis 1 m
High Frequencies (HF)	Dekameterwellen (Kurzwellen)	3 MHz bis 30 MHz	100 m bis 10 m
Medium Frequencies (MF)	Hektometerwellen (Mittelwellen)	300 kHz bis 3 MHz	1 km bis 100 m
Low Frequencies (LF)	Kilometerwellen (Langwellen)	30 kHz bis 300 kHz	10 km bis 1 km
Very Low Frequencies (VLF)	Myriameterwellen (Längstwellen)	3 kHz bis 30 kHz	100 km bis 10 km
. . .	. . .	. . .	. . .

Bild 1.4 Frequenzbereiche und Wellenlängen

setzt. Größere Quantisierungsschritte bedeuten einen größeren Quantisierungsfehler. Da man jedoch bei größerer Schrittgröße weniger Quantisierungsstufen unterscheiden muß, braucht man entsprechend weniger Daten zu übertragen.

Die zweite Klasse wird als „Parametric Coding" bezeichnet. Die Verfahren dieser Klasse interpretieren Eingangssignale, als Signale, die durch ein zeitlich variables Filter verzerrt wurden. In einem Analyseschritt werden die für das Signal gültigen Parameter des Filters errechnet. Diese Parameterwerte werden übertragen. Auf der Empfangsseite wird das Ausgangssignal durch ein entsprechend inverses Filter wieder erzeugt.

Im folgenden werden zwei Verfahren für die Sprachkommunikation, beispielhaft erläutert ([Chn 90]). Das erste Verfahren „Delta Modulation with Adjustable Step Size" wird zu der Klasse des „Waveform Coding" gezählt. Das „Residual-Excited Linear Predictive Coding" gehört zu den parametrisierenden Verfahren.

„Delta Modulation with Adjustable Step Size"

Dieses Verfahren reduziert das ursprüngliche Sprachsignal, indem im Gegensatz zur herkömmlichen Analog-Digitalwandlung des Signals nicht der Absolutwert des Signals quantisiert, sondern die Differenz der aktuellen Amplitude zu dem Amplitudenwert des vorhergehenden Abtastzeitpunkts mit einer großen Abtastfrequenz bestimmt wird. Je nachdem, ob die Differenz positiv oder negativ ausfällt, wird ein bestimmter binärer Wert übertragen. Dies bedeutet die Vergrößerung oder Verringerung des übertragenen Signals um jeweils eine bestimmte Schrittgröße der Amplitude („Delta Modulation").

Das reine „Delta Modulation"-Verfahren führt zu zwei systembedingten Verzerrungen des Signals. Einmal können schnelle Veränderungen im Signalverlauf durch dieses Verfahren nicht schnell genug erfaßt werden. Das übertragene Signal ist dem orginalen nur angenähert und hinkt bildlich gesprochen hinterher. Dieses Verhalten kann verbessert werden, indem größere Amplitudenschritte gewählt werden.

Verläuft das Orginalsignal andererseits konstant, so schwingt das Signal immer um den Abtastwert, da es in diesem Fall alternierend größer bzw. kleiner als das Orginalsignal ist.

Um das Verhalten des Algorithmus in diesen Extremfällen zu verbessern, benutzt das „Delta Modulation with Adjustable Step Size" adaptive Schrittgrößen. Verläuft das Orginalsignal flach, d.h. ändert sich die Amplitude nur wenig, so werden kleine Amplitudenschrittgrößen verwendet. Ändert sich die Amplitude des Originalsignals schnell, so verwendet dieses Verfahren große Schrittgrößen.

Mit diesem Verfahren werden für Sprachverbindungen Datenraten von 32 kbit/s erzielt. Ohne eine Quellencodierung benötigt der Sprachkanal 64 kbit/s. Letzterer Wert errechnet sich aus der Abtastfrequenz von 8 kHz und der Quantisierung, die jeden Abtastwert in ein 8 Bit langes Codewort abbildet.

Residual-Excited Linear Predictive Coding („RELPC")

Dieses Verfahren geht von einem mathematischen Modell aus, das die Erzeugung menschlicher Sprache nachbildet. Dabei wird eine Geräuschquelle angenommen. Die erzeugten Laute werden durch ein Filter verändert. Dieses Filter ist ein mathematisches Modell des menschlichen Rachen- bzw. Mundraums.

Durch modellhafte Beschreibung der in den Stimmbändern entstandenen Laute und der individuellen Verstärkung bzw. Umwandlung dieser Laute im Rachenraum, läßt sich die menschliche Sprache nachbilden.

Für ein Sprachkommunikationssystem bedeutet dies, daß die von der Nachrichtenquelle ausgehende Sprache derart analysiert wird, daß einmal die Ursprungslaute der Stimmbänder, die Lautstärke, die Stimmlage und die Parameter des mathematischen Filtermodells extrahiert werden. Diese Größen werden übertragen. Am Empfänger wird der Vorgang invers durchlaufen und das Sprachsignal rekonstruiert.

Dieses Verfahren erlaubt eine Datenreduktion bis auf weniger als 10 kbit/s. Die Sprache wird allerdings stärker verzerrt als bei anderen Verfahren, die mehr Übertragungskapazität erfordern. Zudem benötigen die parametrisierenden Verfahren in der Regel mehr Rechenaufwand. Dadurch wird der Leistungsverbrauch in den mobilen Endgeräten erhöht, was insbesondere bei batteriebetriebenen Handgeräten unerwünscht ist.

Kanalcodierung

Die Kanalcodierung hat den Zweck, das zu übertragende Signal an den Übertragungskanal anzupassen. Darunter fällt insbesondere auch die Modulation des Signals auf die Frequenz des Übertragungskanal. Es werden dabei analoge und digitale Modulationsverfahren unterschieden. Eine Beschreibung der Vor- bzw. Nachteile der verschiedenen Modulationsverfahren findet man in [Fre 87] und [KSp 90].

Beispiele analoger Verfahren, die unter anderem in Funksystemen angewandt werden, sind die Amplituden-, die Frequenz- und die Phasenmodulation.

Bei der Amplitudenmodulation wird die Amplitude des Trägersignals gemäß dem Nutzsignal verändert. Das Trägersignal ist ein Signal, mit der für den Funkkanal vorgeschriebenen Frequenz.

Die Frequenzmodulation bewirkt, daß das Trägersignal sich gemäß dem Nutzsignal in der Frequenz ändert. Die Amplitude eines solchen Signal ist konstant.

Bei der Phasenmodulation wird die Information des Nutzsignals durch die Phasenlage des Trägers bestimmt.

Aus diesen analogen Verfahren kann man die digitalen Verfahren dadurch ableiten, indem man für die jeweils modulierte Größe Amplitude, Frequenz bzw. Phase nur wertdiskrete Zustände zuläßt. Als Bezeichnung der daraus abgeleiteten digitalen Modulationsverfahren werden in der Regel die englischen Fachbegriffe

- „Amplitude Shift Keying" (ASK)
- „Frequency Shift Keying" (PSK)
- „Phase Shift Keying" (PSK)

verwendet. Weniger gebräuchlich sind die deutschen Fachbegriffe „Amplituden-", „Frequenz-" bzw. „Phasenumtastung".

Aus diesen Modulationsverfahren lassen sich weitere ableiten. So können z.B. bei den digitalen Verfahren mehrere wertdiskrete Zustände übertragen oder zwei Verfahren kombiniert werden, indem man mehrere diskrete Phasen- und Amplitudenwerte zuläßt. Das Verfahren, das vier Phasenzustände zur Übertragung verwendet, wird als „Quadrature Phase Shift Keying" (QPSK) bezeichnet.

Weitere digitale Modulationsverfahren codieren nicht den Absolutwert des zu übertragenden Signals, sondern dessen Differenz zum vorherigen Wert. Ein Vertreter dieser Verfahren ist das „Differential Phase Shift Keying".

Weiterentwickelte Verfahren versuchen die spektralen Eigenschaften des codierten Signals zu verbessern, indem sie die Phasenumtastung bzw. die Frequenzumtastung nicht abrupt, sondern zwischen den Abtastzeitpunkten kontinuierlich vornehmen. Vertreter dieser Verfahren sind das „Fast Frequency Shift Keying" (FFSK) und das „Gaussian Minimum Shift Keying" (GMSK).

Fehlererkennung und Fehlerkorrektur

Digital übertragene Signale sind aufgrund ihrer wertdiskreten Amplitudenwerte prinzipiell regenerierbar. Wird eine Verzerrung eines digitalen Signals jedoch so groß, daß das verzerrte Signal einem falschen diskreten Amplitudenwert zugeordnet wird, so tritt ein Fehler auf. Die Wahrscheinlichkeit für einen solchen Fehler wird als Bitfehlerwahrscheinlichkeit bezeichnet. Die Bitfehlerwahrscheinlichkeit ist ein Maß für die Güte einer digitalen Nachrichtenübertragung, bzw. eines Nachrichtenkanals, auf dem digital übertragen wird.

Während auf leitungsgebundenen Übertragungskanälen die Bitfehlerwahrscheinlichkeit gering (größenordnungsmäßig bei 10^{-5} bis 10^{-6}) bzw. bei optischen Medien sehr gering (im Bereich 10^{-10}) sein kann, ist der Funkkanal anfällig gegenüber äußeren Einflüssen und besitzt daher eine große Bitfehlerwahrscheinlichkeit.

Fügt man einer Folge von digitalen Signalen Redundanz hinzu, so kann man diese derart ausnutzen, daß man Bitfehler erkennen bzw. korrigieren kann. Das einfachste Beispiel für die Erkennung von Bitfehlern wird „Paritätsprüfung" genannt. Dieses Verfahren findet in der Kommunikations- und Rechnertechnik breite Anwendung. Es erlaubt jede ungerade Anzahl von auftretenden Bitfehler in einem überprüften Datenblock sicher zu erkennen. Das Verfahren arbeitet wie folgt:

Man fügt jedem Datenblock, z.B. jedem Byte, ein Bit hinzu. Dieses sogenannte „Paritäts-Bit" wird auf den Zustand „1" gesetzt, wenn die Anzahl der Bits mit dem Zustand „1" im Datenblock gerade ist, ansonsten bekommt das Paritäts-Bit den Wert „0" [1].

Im Falle einer Übertragung wird nun der Datenblock zusammen mit dem Paritäts-Bit gesendet. Nach dem Empfang wird nach derselben Rechenvorschrift überprüft, ob das „Paritäts-Bit" zum Datenblock paßt. Ist dies der Fall, so wird von einer korrekten Übertragung ausgegangen. Stimmt der errechnete Wert mit dem übertragenen nicht überein, so wurde mindestens ein Bit falsch übertragen.

Ein Übertragungsfehler kann somit unter gewissen Umständen, in diesem Fall dann, wenn die Anzahl der verfälschten Bits ungerade ist, erkannt, aber nicht korrigiert werden. Fehlerkorrigierende Verfahren erlauben zudem noch Rückschlüsse auf die Position der verfälschten Bits im Datenblock, so daß diese korrigiert werden können.

Dieses einfache Verfahren soll an dieser Stelle das prinzipielle Vorgehen verdeutlichen. Für Funksysteme werden weitaus aufwendigere Verfahren verwendet. Folgende Vorgehensweise ist für alle diese Verfahren kennzeichnend:

---

[1] Der gleiche Effekt wird erzielt, wenn das Paritäts-Bit bei gerader Anzahl von Einsen auf „0" und bei ungerader Anzahl auf „1" gesetzt wird. Diese beiden Verfahren werden auch als „Even-Parity-Check" bzw. „Odd-Parity-check" bezeichnet.

- Vor dem Sendevorgang wird anhand einer Rechenvorschrift ein zu sendender Datenblock auf einen anderen redundanten abgebildet. Redundanz bedeutet wie eingangs bereits angedeutet, daß der entstandene Datenblock mehr Daten enthält, als der ursprüngliche. Der erzeugte Datenblock wird gesendet. In obigem Beispiel der Paritätsprüfung wurde der Datenblock um ein Paritäts-Bit erweitert.

- Nach der Übertragung wird durch einen inversen Rechenvorgang ermittelt, ob der empfangene Block mit dem verwendeten Algorithmus aus der ursprünglichen Datenmenge prinzipiell erzeugt werden kann. Ist dies nicht möglich, so muß der empfangene Datenblock während der Übertragung verfälscht worden sein. Fehlererkennende Codes beschränken sich auf diese Aussage, während fehlerkorrigierende Codes mit einer gewissen Wahrscheinlichkeit Rückschlüsse auf die verfälschten Bits zulassen.

- Wird ein Fehler erkannt und nicht korrigiert, so wird der Sender aufgefordert, den Datenblock erneut zu übertragen („Automatic Request", ARQ).

Eine Beschreibung von Verfahren zur Fehlerkorrektur und Fehlererkennung findet der interessierte Leser in [Swo 73] und [PeW 90].

Übertragungsrichtungen

In unserem Modell aus Bild 1.2 wird ein Kommunikationsvorgang von einer Nachrichtenquelle zu einer Nachrichtensenke beschrieben. In der Übertragungstechnik wird unterschieden, ob ein Kommunikationssystem nur Übertragungen in dieser einen Richtung ermöglicht oder ob die Rollen von Senke und Quelle vertauscht werden können.

Wie Bild 1.5 entnommen werden kann, werden in diesem Zusammenhang die Begriffe „simplex", „halbduplex" und „duplex" verwendet.

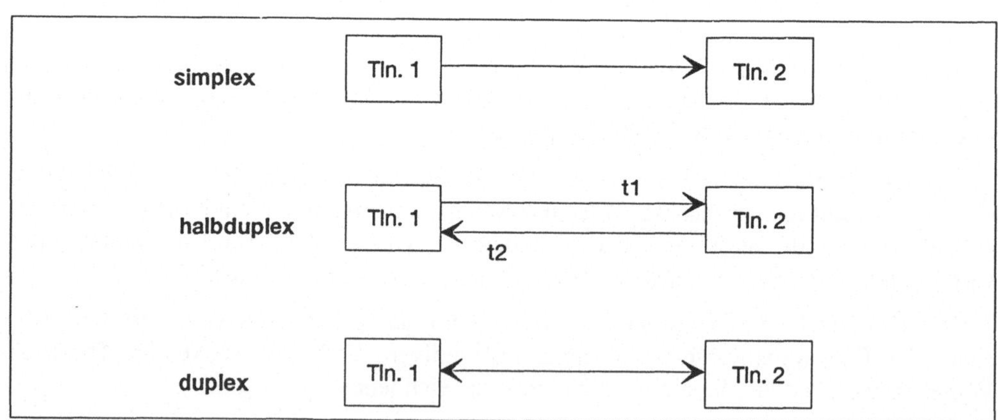

Bild 1.5 Gerichtete Kommunikationsvorgänge
Simplex: Kommunikation ist nur in einer Richtung möglich
Halbduplex: Jeder der Teilnehmer kann sowohl senden als auch empfangen. Beides ist jedoch nicht
                  gleichzeitig möglich.
Duplex: Die Kommunikation ist in beiden Richtungen zu gleichen Zeiten möglich.

Eine Kommunikation wird als simplex bezeichnet, wenn die Übertragung ausschließlich in eine Richtung erfolgt. Ein Beispiel eines solchen Verfahrens ist der Rundfunk.

Als „duplex" wird eine Kommunikation bezeichnet, bei der beide Teilnehmer zu jeder beliebigen Zeit und insbesondere auch gleichzeitig senden und empfangen können. Ein typisches Beispiel eines im duplex betriebenen Kommunikationssystems ist das Telefon. In der Funktechnik gibt es mehrere Möglichkeiten einen Duplex-Funkkanal den Teilnehmern bereitzustellen. Die wichtigsten sind im folgenden dargestellt:

- „Frequency Division Duplex" (Frequenzduplex): Bei diesem Verfahren werden für Hin- und Rückkanal verschiedene Frequenzen verwendet.

- „Time Division Duplex" (Zeitduplex): Hin- und Rückkanal der Übertragung senden im gleichen Frequenzbereich, werden aber zeitlich alternierend übertragen. Die zeitliche Aufteilung des Übertragungskanal geschieht durch das Kommunikationssystem und ist für die Teilnehmer transparent. Das heißt, die Teilnehmer bemerken die Aufteilung des Kanals im Gegensatz zu den Halbduplex-Verfahren nicht.

Das Halbduplex-Verfahren ist dadurch gekennzeichnet, daß eine Station entweder senden oder empfangen kann, aber nicht beides gleichzeitig. Für den Benutzer ist dies nicht transparent, d.h. er muß warten, bis der Sendekanal frei ist, bevor er senden darf. Dies ist z.B. bei allen Wechselsprechanlagen der Fall. Sende- und Empfangsvorgang sind zeitlich voneinander getrennt und werden durch die Teilnehmer, z.B. durch Drücken einer Sendetaste, gesteuert.

1.3 Grundlagen moderner Kommunikationssysteme

In diesem Abschnitt werden moderne Kommunikationssysteme beschrieben. Unter einem Kommunikationssystem wird in diesem Zusammenhang ein System verstanden, das aus einer Anzahl von Stationen besteht, die untereinander nach einem vorher festgelegten Verfahren kommunizieren können.

Die Stationen sind zu diesem Zweck durch ein Kommunikationsnetz verbunden. Im Fall der Funksysteme ist dies kein leitungsgebundenes Netz, sondern die durch die Kommunikationsprotokolle und Frequenzzuteilungen gegebenen Kommunikationsbeziehungen.

Im Gegensatz zum vorherigen Abschnitt, in dem ein Kommunikationsvorgang isoliert betrachtet wurde, finden in einem Kommunikationssystem eine Vielzahl von Übertragungsvorgängen statt. Diese werden von einer Vielzahl von Endgeräten durchgeführt. Dabei nutzen die Endgeräte einen Teil der Ressourcen des Kommunikationssystems gemeinsam. Eine solche Ressource bei Funksystemen ist der Funkkanal, bzw. die verwendeten Frequenzen.

Das Kommunikationssystem muß gewährleisten und überwachen, daß die Endgeräte nach genau definierten Regeln auf den Übertragungskanal zugreifen. Der physikalische Übertragungskanal, der durch das Übertragungsmedium gebildet wird, wird dabei in mehrere logische Kanäle aufgeteilt. Jedem Endgerät, das übertragen will, wird genau ein logischer Kanal zugewiesen, so daß Übertragungen mehrerer Endgeräte auf dem physikalischen Medium gleichzeitig durchgeführt werden können.

Ein Kommunikationssystem besteht im allgemeinen aus einer Vielzahl von Endgeräten. Diese können wahlfrei miteinander kommunizieren, das heißt jedes Endgerät kann bei Bedarf mit jedem anderen in Verbindung treten. Dies bedeutet bei leitungsgebundenen Netzen, daß man, wird nicht jedes Endgerät direkt mit allen anderen verbunden, Vermittlungsverfahren und entsprechende Signalisierungsmethoden einführen muß.

Bei Funknetzen kann zwar jedes Endgerät in der Ausleuchtzone jede Übertragung im Prinzip empfangen, da allerdings nur die gewünschte Empfangsstation die Verbindung durchschalten soll, sind auch hier Vermittlungsfunktionen notwendig. Weitere Vermittlungsverfahren sind insbesondere auch bei zentral organisierten Funknetzen und bei Verbindungen, die über Relaisstationen, d.h. über die eigentliche Ausleuchtzone des Senders hinausgehen, notwendig.

Vermittlung, Signalisierung und Kanalzuteilung sind nur einige aus einer Vielzahl von Funktionen, die ein modernes Kommunikationssystem ausführen muß. Der Aufbau und die Beschreibung aller Funktionen moderner Kommunikationssysteme werden im allgemeinen mit Hilfe von Schichtenmodellen dargestellt.

Dabei stellt jede Schicht ihrer übergeordneten Schicht Kommunikationsdienste zur Verfügung. Darunter versteht man Funktionen, die zur Abarbeitung der Kommunikation notwendig sind. Der genaue Ablauf der Funktionen und somit auch des gesamten Kommunikationsvorgangs ist durch genau festgelegte Regeln, den sogenannten Protokollen, spezifiziert. In jeder Schicht des Modells sind spezifische Protokolle realisiert.

In den folgenden Abschnitten wird als Grundlage für Schichtenmodelle das OSI-Referenzmodell ([EfF 86], [ISO 84], [Tan 88]) erläutert. Danach werden die für Kommunikationsnetze relevanten Teile dieses Modells an die speziellen Anforderungen der Mobilfunksysteme adaptiert und beschrieben.

1.3.1 OSI-Referenzmodell

Das bekannteste Beispiel für ein in Schichten modelliertes Kommunikationssystem ist das OSI-Referenzmodell. Dieses Modell für offene, digitale Kommunikationssysteme ist wie in Bild 1.6 dargestellt in sieben Schichten gegliedert. Die oberen drei Schichten sind anwendungsorientiert, während die unteren drei Schichten die Funktionen des Kommunikationsnetzes modellieren. Die vierte Schicht bildet die anwendungsorientierten Funktionen der höheren Schichten auf das in den unteren drei Schichten beschriebene Netzwerk ab.

7	Anwendungsschicht (Application Layer)
6	Darstellungsschicht (Presentation Layer)
5	Sitzungsschicht (Session Layer)
4	Transportschicht (Transport Layer)
3	Netzwerkschicht (Network Layer)
2	Sicherungsschicht (Data Link Layer)
1	Bitübertragungsschicht (Physical Layer)

Bild 1.6
OSI-Referenzmodell. Im OSI-Referenzmodell werden digital übertragende Kommunikationssysteme in sieben Schichten untergliedert. Jeder Schicht sind bestimmte Aufgaben zugeordnet.

Im folgenden werden die Aufgaben der sieben Schichten des OSI-Referenzmodells kurz vorgestellt. Da dieses Modell für digitale Datennetze konzipiert wurde, läßt es sich nicht in jedem Detail auf Funknetze übertragen. Nichtsdestoweniger lassen sich auch Funknetze schichtenorientiert modellieren. Die unteren drei Schichten werden daher anschließend für ein auf Funknetze ausgelegtes Schichtenmodell beispielhaft beschrieben [Rüc 89].

Schichten des OSI-Referenzmodell:

- Schicht 1: „Physical Layer" (Bitübertragungsschicht)

  Die unterste Schicht des Referenzmodells beschreibt die zur Übertragung notwendigen Einrichtungen wie z.B. Stecker und Leitungen. Weiterhin wird die elektronische Darstellung, wie z.B. Signalverlauf, bzw. -pegel der zu übertragenden Daten auf dem Übertragungsmedium festgelegt.

- Schicht 2: „Data Link Layer" (Sicherungsschicht)

  Die Sicherungsschicht hat, wie der Name schon andeutet, die Aufgabe, den Übertragungsvorgang auf den Übertragungsabschnitten einer Verbindung zu sichern. Dazu gehört das Erkennen und ggf. das Korrigieren von Übertragungsfehlern. Zu diesem Zweck werden fehlererkennende bzw. -korrigierende Codes eingesetzt. Wird ein Fehler erkannt und kann er nicht korrigiert werden, so wird je nach Anwendungsfall die

Datenübertragung wiederholt oder es werden die Daten verworfen. Eine Wiederholung wird durch die Mechanismen zur Datenflußsteuerung ausgelöst. Diese umfassen Quittierungsalgorithmen, die korrekt übertragene Datenpakete quittieren und nicht korrekt übertragene Daten neu anfordern. Ferner regelt die Schicht 2 die Zugriffsmodalitäten auf den Übertragungskanal. Die bei Funkübertragung eingesetzten Kanalzugriffsprotokolle werden an späterer Stelle im Detail beschrieben.

- Schicht 3: „Network Layer" (Vermittlungsschicht)

  Im Gegensatz zur Schicht 2, die die Kommunikationsfunktionen zwischen zwei direkt verbundenen Stationen beschreibt, befaßt sich die Vermittlungsschicht mit den Funktionen eines Kommunikationssystems, die das gesamte Netzwerk betreffen. Dazu gehört insbesondere das „Routing", d.h. die Wegewahl beim Verbindungsaufbau, bzw. während der Verbindung. Eine weitere Aufgabe ist das Multiplexen von Daten auf den einzelnen Verbindungsabschnitten. Ist eine Verbindung vermittelt, d.h. geht eine Verbindung über mehrere Verbindungsabschnitte, so wird in jeder Vermittlungsstation die Schichten 1 bis 3 beim Empfang in aufsteigender Reihenfolge und beim Sendevorgang in absteigender Reihenfolge – wie in Bild 1.7 dargestellt – durchlaufen.

- Schicht 4: „Transport Layer" (Transportschicht)

  Die Transportschicht ist vom verwendeten Netzwerk unabhängig. Sie dient zur Unterstützung der Verbindungen zwischen Prozessen in Endsystemen. So steuert sie den Datenfluß zwischen den Endsystemen einer Verbindung.

- Schicht 5: „Session Layer" (Kommunikationssteuerungsschicht)

  Die Kommunikationssteuerungsschicht sychronisiert die Kommunikation zwischen den Anwendungsprozessen in den Endsystemen der Verbindung. So werden während einer Verbindung Synchronisationspunkte zwischen den Instanzen dieser Schicht vereinbart. Im Fehlerfalle erlauben diese ein Wiederaufsetzen der Verbindung.

- Schicht 6: „Presentation Layer" (Darstellungsschicht)

  Endgeräte unterschiedlicher Hersteller verwenden unterschiedliche Datenformate zur internen Darstellung der Informationen. Damit die während der Verbindung ausgetauschten Daten vom Kommunikationspartner verstanden werden, werden sie in der Darstellungsschicht in ein allen Partnern bekanntes, genormtes Datenformat abgebildet.

- Schicht 7: „Application Layer" (Anwendungsschicht)

  Die Anwendungsschicht bildet die Schnittstelle zum Teilnehmer. Dieser kann eine Person oder ein Prozeß in einem Endgerät sein. Die in dieser Schicht genormten Anwendungen umfassen unter anderem „Elektronische Postsysteme" ([CCITT X.400]), Systeme zum „Dateitransfer" ([ISO 8571]) und „Elektronische Verzeichnisse" ([CCITT X.500]). Ferner werden Dienstelemente definiert, die von mehreren Anwendungen bei Bedarf verwendet werden können. Diese Dienstelemente bieten Dienste wie z.B. Aufbau von Verbindungen, gesicherte Übertragung von Daten oder Aufruf

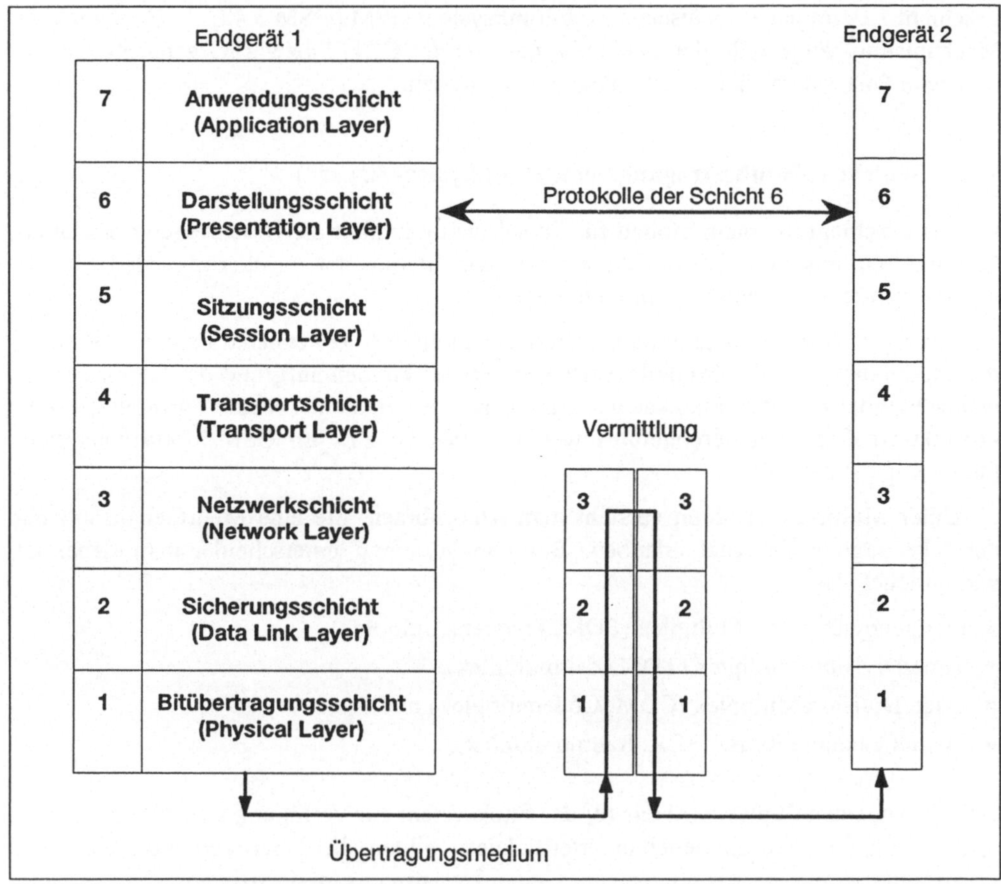

Bild 1.7 Verbindung über Vermittlungsstelle im OSI-Referenzmodell. In Vermittlungsstellen werden die netzorientierten Schichten 1 bis 3 auf- und absteigend durchlaufen.

von Operationen auf entfernten Rechensystemen an. Für eine weitere Beschreibung der Schicht 7 wird neben den entsprechenden Standards auf [Bey 88] verwiesen.

Mobilfunkssysteme, die Signale digital übertragen, lassen sich ebenfalls durch Schichtenmodelle darstellen. Der Aufbau dieser Modelle orientiert sich am OSI-Referenzmodell. Die besonderen Eigenschaften der digitalen Funkübertragung und insbesondere des Funkkanals führen allerdings zu gewissen Unterschieden.

Im OSI-Referenzmodell beziehen sich die unteren drei Schichten auf die Eigenschaften und den Aufbau des Kommunikationsnetzes. Die oberen Schichten beschreiben Prozesse, die in den Endsystemen ablaufen und sich auf die spezielle Anwendung beziehen und daher vom Netzwerk weitestgehend unabhängig sind.

Aus dem gleichen Grund beziehen sich die Funknetze auf die unteren drei Schichten. Anwendungsprozesse können auf diese drei Schichten aufgesattelt werden. Dies geschieht z.B. im paneuropäischen Mobilfunksystem GSM [GSM 3.42] [2]. Dort wird ein Mechanismus vorgestellt, der es erlaubt, das von der CCITT bzw. ISO genormte „Elektronische Postsystem" über das Funknetz zu betreiben.

1.3.2 Schicht 1: Bitübertragungsschicht („Physical Layer")

Die erste Schicht in einem Modell für Funksysteme umfaßt die Beschreibung des Übertragungsmediums, d.h. des Funkkanals, die Modulation der zu übertragenden Signale und die Sende- und Empfangseinrichtungen.

Dazu gehört insbesondere die genaue Festlegung des verwendeten Frequenzbereichs, der Modulation und der Multiplexverfahren. Ferner können aufgrund der hohen Fehlerwahrscheinlichkeit des Funkkanals bereits auf der Schicht 1 Fehlererkennungs- und -korrekturmaßnahmen durchgeführt werden. Dies ist z.B. im GSM-Mobilfunksystem (siehe Kap. 3) der Fall.

Unter Multiplexverfahren versteht man Algorithmen, die eine Mehrfachausnutzung der Übertragungskapazität erlauben. Bei Funksystemen unterscheidet man dabei im wesentlichen das

- Frequency Division Multiplex (FDM, Frequenzmultiplex),
- Time Division Multiplex (TDM, Zeitmultiplex),
- Code Division Multiplex (CDM, Codemultiplex) und das
- Spatial Channel Reuse (SCR, Raummultiplex).

Beim Frequenzmultiplex wird das für das Funksystem zur Verfügung stehende Frequenzspektrum in kleinere Einheiten unterteilt. Diese bilden die Übertragungskanäle. Jeder Übertragungskanal besitzt seine eigenes, charakteristisches Frequenzband.

Im Zeitmultiplex sendet jeder Übertragungskanal auf demselben Frequenzband. Ein Sender darf allerdings ausschließlich zu genau definierten Zeitpunkten übertragen. Diese Übertragungszeiten werden auch Zeitschlitze genannt. Ein Übertragungskanal wird daher durch die Folge der ihm zugeordneten Zeitschlitze gebildet.

In den Bildern 1.8 und 1.9 ist der Unterschied zwischen Zeit- und Frequenzmultiplex am Beispiel von vier Übertragungskanälen veranschaulicht.

Das Codemultiplexverfahren trennt die Übertragungskanäle weder durch Frequenzbereiche noch durch Zeitschlitze. Kennzeichnend für dieses Verfahren ist die Übertragung eines schmalbandigen Funkkanals in einem breiten Frequenzspektrum. Das schmalbandige Signal wird dabei durch eine geeignete Codiervorschrift auf ein breitbandiges Signal abgebildet. Man spricht in diesem Zusammenhang von Codespreizung. Das breitbandige

---

[2] GSM bedeutet ursprünglich „Groupe Spécial Mobile". Dies ist die Bezeichnung der für die Normung dieses Mobilfunknetzes verantwortlichen Arbeitsgruppe beim „European Telecommunications Standards Institute" (ETSI). Neuerdings hat sich für GSM auch die Bedeutung „Global System for Mobile Communications" eingebürgert.

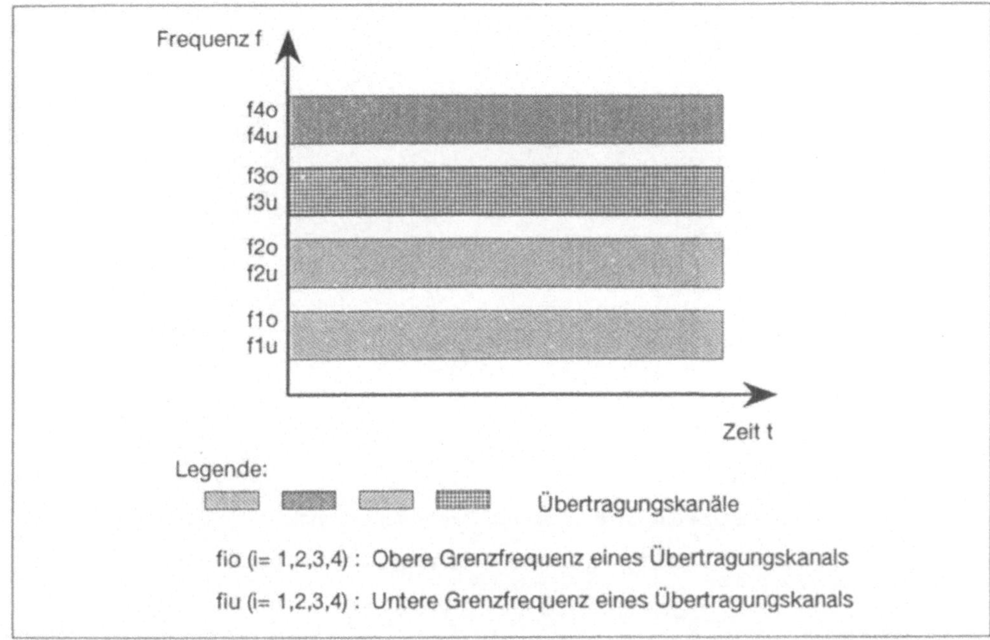

Bild 1.8 Frequenzmultiplex. In diesem Bild ist das Verfahren des Frequenzmultiplex am Beispiel von vier gemultiplexten Übertragungskanälen dargestellt. Um störende Interferenzen zu vermeiden, muß im Frequenzband zwischen jedem Übertragungskanal ein Abstand eingefügt werden.

Signal wird gesendet. Der Empfänger, der die Codiervorschrift des Senders kennen muß, kann das Ursprungssignal regenerieren. Weist man den unterschiedlichen Sendern im Funkkommunikationssystem jeweils eine geeignete Codiervorschrift zu, so können eine Vielzahl von Sendern gleichzeitig und auf derselben Frequenz übertragen. Die von den Sendern verwendeten Codierverfahren müssen bestimmten Bedingungen genügen. Im Idealfall müssen diese zueinander im mathematischen Sinne orthogonal sein. Im praktischen Einsatz weist man jedem Sender eine Folge binärer Signale zu, die der Sender dann anstatt einer logischen „1" sendet. Überträgt der Sender eine „0", so sendet er die invertierte Bitfolge, d.h. er vertauscht die beiden logischen Zustände im gespreiztem Signal. Der Empfänger muß die Codiervorschrift kennen. Er sucht das empfangene, breitbandige Signal nach bekannten Bitmustern ab. Im Gegensatz zu den konventionellen Zeit- und Frequenzmultiplexverfahren ist bei dieser Technik das gespreizte Signal durch eine Reihe gleichlagiger Übertragungen verdeckt. Das Signal wird aufgrund der ihm eigenen „Codestruktur" erkannt. Dieses Codemultiplexverfahren wird „Direct Sequencing Code Division Multiplex" (DSCDM) genannt ([Pur 87]).

Ein weiteres Multiplexverfahren, bei dem mehrere Übertragungen in einem breiten Frequenzband gleichzeitig durchgeführt werden, ist das „Frequency Hopping"-Verfahren (FH). Bei diesem Verfahren wechseln Sender und Empfänger in einer schnellen Folge

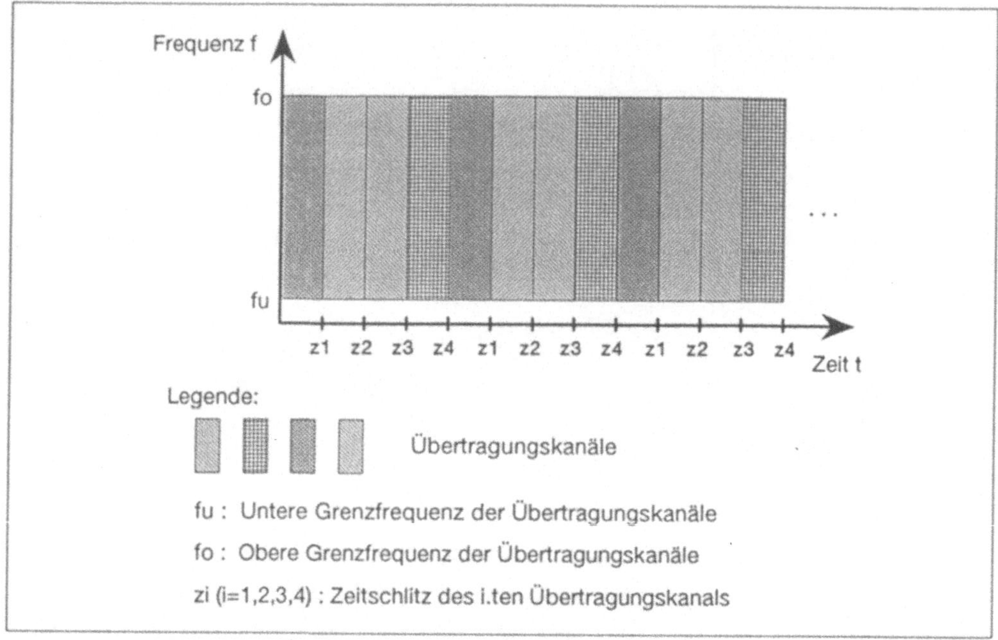

Bild 1.9 Zeitmultiplex. In diesem Bild ist das Verfahren des Zeitmultiplex am Beispiel von vier Übertragungskanälen dargestellt. Jedem Übertragungskanal wird periodisch ein Zeitschlitz zum Senden zugeteilt.

synchron die Übertragungsfrequenz. Ein Vorteil dieses Verfahrens liegt darin, daß Störungen im Übertragungskanal z.B. durch Mehrwegeempfang in der Regel nur kurzfristig auftreten.

DSCDM und FH-Verfahren werden in sogenannten „Spread-Spectrum"-Funksystemen angewandt. Diese Systeme sind dadurch gekennzeichnet, daß für die Übertragung eines schmalbandigen Signals ein breitbandiges Frequenzspektrum verwendet wird. Diese Spread-Spectrum-Verfahren wurden ursprünglich aus militärischen Überlegungen heraus entworfen. Die besondere Eigenschaft dieser Systeme liegt darin, daß diese sehr störsicher sind. Dies gilt sowohl für atmosphärische Störungen des Funkkanals als auch für den Fall der bewußten Störung der Kommunikation durch Störsender. Einem solchen Störsender ist es nur sehr schwer möglich, einen speziellen Übertragungskanal zu blockieren, da seine ihm zur Verfügung stehende Sendeleistung in der Regel nicht ausreicht, das gesamte breite Frequenzspektrum zu überdecken und er nicht die notwendigen Informationen besitzt, um eine bestimmte Verbindung detektieren zu können.

Ein systembedingter Nachteil der Spread-Spectrum-Techniken liegt darin, daß sowohl Sender als auch Empfänger synchron Pseudozufallszahlen generieren müssen. Diese sind notwendig, um im DSCDM den breitbandigen Übertragungscode zu generieren bzw. im Empfänger zu detektieren und beim Frequency-Hopping die Frequenzfolge zu bestimmen. Die Zufälligkeit der angesprungenen Frequenzen bzw. der Codierfolgen bedingt weiterhin, daß statistische Überlagerungen auftreten, wenn mehrere Stationen übertragen. Diese müssen durch geeignete Maßnahmen zur Fehlererkennung bzw. -korrektur wieder ausgeglichen werden. Als weiterführende Literatur zu diesem Thema ist [Chn 90] und [SOSL 85] zu empfehlen.

Durch Raummultiplex erreicht man, daß man trotz des begrenzten Frequenzspektrums theoretisch in einer unendlich ausgedehnten Fläche Funkkommunikation betreiben kann, indem man die zur Übertragung verwendeten Frequenzen in geeigneten Abständen erneut verwendet.

Ermöglicht wird dies durch den Umstand, daß die Feldstärke des Funksignals mit Abstand zum Sender abnimmt. Im freien Raum wird die Leistung der von einer isotropen Antenne ausgesandten elektromagnetischen Wellen mit dem Quadrat des Abstands zur Sendeantenne vermindert. Durch die atmosphärischen und umweltbedingten Randbedingungen nimmt die Stärke von Signalen der in diesem Buch betrachteten Funksysteme noch stärker mit der vierten bis fünften Potenz des Abstandes zum Sender ab [Fre 87].

Bei genügend großem Abstand ist dann das Signal eines Senders derart schwach, daß dessen Frequenz wiederverwendet werden kann. Das heißt, die durch Interferenz entstehenden Störungen, die eine Übertragung in diesem Frequenzband erfährt, werden bei genügend großem Abstand tolerierbar.

Das Raummultiplex ist der Grundgedanke, auf dem zellulare Funknetze basieren. In zellularen Netzen teilt man die Gesamtfläche, auf der das Netz betrieben wird, in sogenannte Funkzellen ein. Jeder Funkzelle werden bestimmte Frequenzen zugeteilt, auf denen den Teilnehmern in dieser Funkzelle Übertragungskanäle zur Verfügung gestellt werden. Damit keine Störungen durch angrenzende Zellen auftreten können, muß darauf geachtet werden, das die Frequenzen einer Zelle erst in einem genügend großen Abstand wiederverwendet werden. In Bild 1.10 ist eine solche Aufteilung dargestellt. Im allgemeinen werden die Zellen idealisierend als regelmäßige Sechsecke dargestellt. Dies entspricht nur annähernd den wirklichen Gegebenheiten. Durch topologische und umgebungsbedingte Umstände sind die Funkzellen in ihrer äußeren Form sehr unregelmäßig. Daher ist es in der Regel notwendig, mehrere Zellen zwischen zwei Funkzellen, die die gleiche Frequenzen verwenden, einzuschieben [Chn 90].

1.3.3 Schicht 2: Sicherungsschicht („Data Link Layer")

Die Sicherungsschicht in Funksystemen besitzt wie im OSI-Referenzmodell die Aufgabe, die Kommunikation zwischen zwei direkt verbundenen Stationen zu steuern. Dazu gehören Funktionen, die für den Betrieb einer Funkverbindung bzw. für den Verbindungsauf- und -abbau benötigt werden. Typische Aufgaben der Schicht 2 sind Fehler-

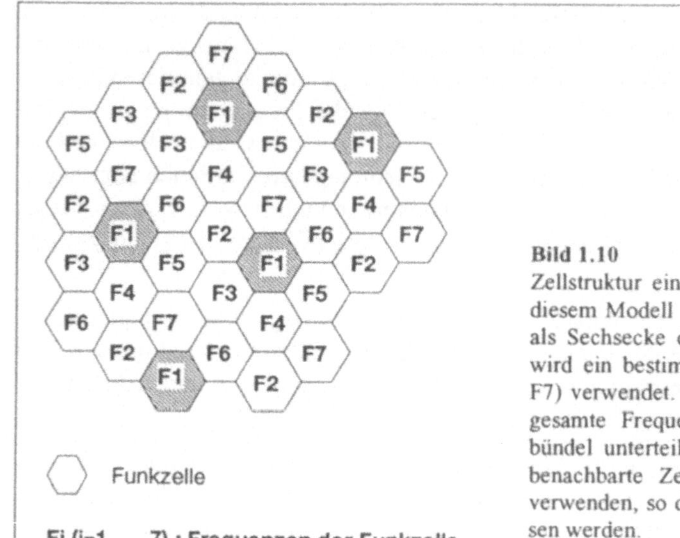

Funkzelle

Fi (i=1, ..., 7) : Frequenzen der Funkzelle

Bild 1.10
Zellstruktur eines zellularen Funksystems. In diesem Modell sind die Funkzellen idealisiert als Sechsecke dargestellt. In jeder Funkzelle wird ein bestimmtes Frequenzbündel (F1 bis F7) verwendet. In diesem Beispiel wurde das gesamte Frequenzband in sieben Frequenzbündel unterteilt. Es wird gewährleistet, daß benachbarte Zellen nie gleiche Frequenzen verwenden, so daß Interferenzen ausgeschlossen werden.

erkennung bzw. -korrektur und Regelung des Zugriffs auf einen Kommunikationskanal, insbesondere dann, wenn auf diesem Kanal mehrere Stationen übertragen. Dabei kann immer nur eine Station senden. Senden zwei oder mehr, so ist das übertragene Signal am Empfänger nicht mehr erkennbar.

Dieses gilt nur eingeschränkt für die im vorigen Abschnitt beschriebene Codemultiplextechnik. Dort ist eine Übertragung nicht durch einen speziellen Übertragungskanal gekennzeichnet, sondern durch eine Pseudozufallszahlenfolge, die im Sender und Empfänger synchron erzeugt wird. Mit deren Hilfe kann der Empfänger das gesendete Signal aus dem empfangenen Breitbandsignal regenerieren, obwohl in dem empfangenen breitbandigen Signal eine Vielzahl schmalbandiger Übertragungskanäle codiert sind.

Unter Kanalzugriffsprotokollen bzw. -verfahren versteht man Regeln, die festlegen, welche sendebereite Station auf einem gegebenen Übertragungskanal senden darf und welche Stationen warten müssen.

In der Literatur und in praktischen Anwendungen werden eine Vielzahl von Zugriffsverfahren beschrieben bzw. eingesetzt ([Tan 88], [Rüc 89], [RoS 90]).

Man kann diese folgenden Klassen zuordnen:

- Verfahren mit fester Kanalzuweisung (Fixed Channel Allocation)
- Verfahren mit zeitlich zufälligem Zugriff auf den Übertragungskanal (Random Access Techniques)
- Kanalvergabe nach Anfrage (Demand Assignment)
- hybride Verfahren, die mehrere der oben genannten Techniken anwenden.

Verfahren mit fester Kanalzuweisung teilen jeder Station in einem Kanalzuteilungsverfahren einen bestimmten Kanal zu. Auf diesen hat die Station bis zum nächsten Zuteilungsverfahren exklusiven Zugriff. Sendet die Station nicht, so bleibt der Kanal ungenutzt. Der Vorteil, daß Verwaltungsaufwand vornehmlich bei den Kanalzuteilungsperioden auftritt, kommt insbesondere dann zum tragen, wenn diese Zuteilungsverfahren nicht zu oft durchgeführt werden müssen. Wirtschaftlich anwenden lassen sich solche Verfahren insbesondere dann, wenn Sendestationen über einen längeren Zeitraum kontinuierlich senden. Feste Kanalzuteilungen werden zum Teil auch dann eingesetzt, wenn ein Funkkommunikationssystem bestimmte Kanäle für spezielle Aufgaben, wie zum Beispiel zur Signalisierung, verwendet. In solchen Fällen kann der Signalisierungskanal einer zentralen Station fest zugeordnet sein.

Am weitesten verbreitet sind die „Random Access Techniques". Da das erste Datenfunknetz überhaupt, das auf Hawaii von der dortigen Universität errichtet wurde, ein solches Verfahren einsetzte, wird eine Gruppe dieser Kanalzugriffsverfahren als ALOHA-Verfahren bezeichnet.

Von dem ursprünglichen ALOHA-Verfahren wurden bis heute eine Vielzahl von verbesserten Verfahren abgeleitet, die außer in Funknetzen beispielsweise auch in leitungsgebundenen Kommunikationssystemen eingesetzt werden. Davon ist einer der bekanntesten Vertreter das in lokalen Netzen eingesetzte „Carrier Sense Multiple Access/ Collision Detection" (CSMA/CD, [Tan 88]).

Das ursprüngliche ALOHA-Verfahren ist relativ einfach. Ist eine Station sendebereit, so sendet sie und „hofft" darauf, daß die Kommunikation ungestört ablaufen kann. Dies ist nur dann möglich, wenn zu keinem Zeitpunkt der Übertragung eine andere Station auf diesem Kanal Daten überträgt. Überschneiden sich die Sendevorgänge zweier oder mehrerer Stationen, so spricht man von einer Kollision. Eine Kollision führt dazu, daß bei allen Empfangsstationen Signale unkenntlich werden, und alle an der Kollision beteiligten Sendestationen ihre Übertragung wiederholen müssen.

Es ist leicht einzusehen, daß bei einem höheren Datenaufkommen erfolgreiche Übertragungen seltener werden, da die Wahrscheinlichkeit von Kollisionen mit steigendem Datenaufkommen wächst. So liegt der maximale Datendurchsatz, der bei diesem Verfahren erzielt werden kann, bei rund 18% der Datenrate ([Tan 88]).

Eine Verbesserung des maximalen Datendurchsatzes auf ungefähr 36% kann man erzielen, wenn man Zeitschlitze einführt. Dies bedeutet, daß Stationen nur zu bestimmten Zeitpunkten zu senden anfangen dürfen und somit auch nur zu diesen Zeitpunkten Kollisionen auftreten können. Dieses Verfahren wird „Slotted Aloha" genannt. Weitere Verbesserungen werden erreicht, wenn die Stationen vor Sendebeginn den Übertragungskanal abhören. Diese Verfahren werden als „Carrier Sense Multiple Access"-Verfahren (CSMA) bezeichnet.

Kanalvergabe nach Anfrage ist sinnvoll, wenn die Stationen des Kommunikationssystems in relativ regelmäßigen Abständen kurze Nachrichten senden. Dann kann z.B. eine ausgezeichnete Station alle beteiligten Stationen rundum fragen, wer senden will und dann die Sendeberechtigung vergeben („Polling"). Dieses Verfahren verspricht Vorteile, wenn die Übertragungsverzögerung und die Zahl der Stationen nicht zu groß sind und wenn die Anzahl von Stationen sich nicht kontinuierlich und zu schnell ändert. Polling-Verfahren benötigen einen ständigen Datenaustausch zur Organisation des Kanalzugriffs.

Die Wahl eines geeigneten Kanalzugriffsverfahren hängt sehr stark von der Einsatzumgebung und dem Aufbau des Kommunikationssystems ab. Dabei spielen sowohl das Kommunikationsverhalten der Stationen des Systems, als auch technische und physikalische Randbedingungen wie Signallaufzeiten und die Fehlerhäufigkeit der Signale auf dem Übertragungskanal eine Rolle. Aus diesem Grunde wurden eine Vielzahl von auf spezielle Anwendungsfälle angepaßte Zugriffsprotokolle entwickelt und eingesetzt [Rüc 89].

1.3.4 Schicht 3: Vermittlungsschicht („Network Layer")

Die Vermittlungsschicht umfaßt Funktionen, die die Wegewahl und die Vermittlung einer Verbindung ermöglichen. Darunter versteht man das Auswählen eines Weges, den die übertragenen Informationen bzw. Daten durch das Netz nehmen.

Bei dezentral organisierten Funknetzen kann dabei die vermittelte Funkstrecke über mehrere Funksysteme geleitet werden (Multi-Hop-Verbindungen).

Bei zentral organisierten Funknetzen wie z.B. bei Zellularnetzen werden Funktionen zum Auffinden der Teilnehmer bzw. zur Authentisierung dieser Schicht zugeordnet. Diese Funktionen werden am Beispiel des deutschen Mobiltelefonnetzes „D" in Kapitel 3 detailliert beschrieben.

1.4 Zusammenfassung

In diesem Kapitel wurde auf die übertragungstechnischen Grundlagen und auf den schichtenorientierten Aufbau moderner Kommunikationssysteme eingegangen.

Während sich die Übertragungstechnik mit dem Sende- und Empfangsvorgang der zu übertragenden Nachrichten beschäftigt, geht man bei der Modellierung von Kommunikationssystemen darüber hinaus davon aus, daß eine Vielzahl von Stationen mit Hilfe des Kommunikationssystems Nachrichten untereinander austauschen.

Die in diesen Abschnitten angesprochenen Verfahren und Aufgabenstellungen konnten in dem gegebenen Rahmen nur aufgezeigt und an besonders anschaulichen Beispielen erläutert werden.

Bei den in den folgenden Kapiteln beschriebenen Mobilfunksystemen eingesetzten technischen Problemlösungen handelt es sich zum Teil um speziell auf die jeweilige Anwendung hin optimierte hochkomplexe Verfahren, die sich jedoch in der Regel aus den beschriebenen, grundlegenden Verfahren ableiten lassen.

2 Mobilkommunikationssysteme in einer Übersicht

Die Mobilkommunikation ist einer der am schnellsten wachsenden Bereiche der Kommunikationsindustrie. Dies wird aus dem Wachstum der Teilnehmerzahlen allein beim Mobiltelefon in Europa um 60% im Jahre 1989 ersichtlich. Einige Länder machen die Erfahrung, daß die Anzahl neuer Mobilteilnehmer schneller wächst als die der Teilnehmer der drahtgebundenen Netze. Die Marktvorhersagen bis zum Ende dieser Dekade bewegen sich zwischen 15 und 50 Millionen Mobiltelefonteilnehmern europaweit. Ähnlich optimistische Prognosen werden für die anderen Mobilfunksysteme, wie Funkruf, Bündelfunk oder schnurlose Telefone gegeben.

Bereits heute existierende bzw. in Planung oder Aufbau befindliche Funknetze decken eine Vielzahl von Anwendungen und Funkdiensten ab. Dabei unterscheiden sich die Netze in den den Benutzern angebotenen Diensten, den technischen Grundlagen und Einsatzmöglichkeiten.

In diesem Kapitel werden die jeweiligen Netze anhand ihrer Funktionalität eingeführt. Zur Vertiefung der Thematik werden in den weiteren Kapiteln einige der Netze anhand ausgewählter, besonders aktueller Beispiele im Detail beschrieben.

2.1 Landesweite und paneuropäische Mobiltelefonnetze

Unter der Abkürzung PLMN (Public Land Mobile Network) werden die bereits installierten bzw. zukünftigen Mobiltelefonnetze zusammengefaßt. Momentan existieren mehrere technisch inkompatible Netze, die zudem national oder regional begrenzt sind. Seit 1991 wird ein paneuropäisches Mobilfunknetz aufgebaut bzw. eingeführt, welches auf dem GSM-Standard basiert und dessen Hauptanwendung der Mobiltelefondienst sein wird. Dieses Netz soll die in Westeuropa existierenden Netze schrittweise ablösen.

Im folgenden werden die weltweit eingesetzten Mobiltelefonnetze kurz vorgestellt. Außer dem A-Netz arbeiten alle in Zellulartechnik. In den Übertragungskanälen werden die Signale analog übertragen. Die einzigen Außnahmen sind die auf dem GSM-Standard basierenden Netze, bei denen die Signale digital übertragen werden.

A-Netz

Das A-Netz war das erste Funktelefonnetz in der Bundesrepublik Deutschland. Es war von 1958 bis 1977 im Bereich von 150 MHz mit 50 kHz Kanalabstand und 16 handvermittelten Kanälen in Betrieb. Die maximale Teilnehmerzahl betrug ca. 10.000.

B-Netz

Das B-Netz ist das zweite Funktelefonnetz in der Bundesrepublik Deutschland und ist seit 1972 in Betrieb. Es wurde im 150-MHz-Bereich mit zunächst 37 Duplex-Sprechkanälen betrieben. 1980 wurde dieses sogenannte B1-Netz um weitere 37 Sprechkanäle erweitert (B2-Netz). Im Gegensatz zum Vorläufer (A-Netz) wird automatisch vermittelt. Wegen hoher Anschaffungskosten, Grund- und Verbindungsgebühren und begrenzter Kapazität wurde das B-Netz selbst in seinen Hoch-Zeiten (1986) nur von ca. 27.000 Teilnehmern genutzt. Der Betrieb des B-Netzes soll 1994 eingestellt werden.

C-Netz

Das C-Netz wurde 1986 in Betrieb genommen und erfährt seitdem, verglichen mit dem B-Netz, ein starkes Wachstum (Anfang 1990 ca. 250.000 Teilnehmer). Beim C-Netz werden die Sprachsignale analog übertragen. Die Signalisierungsinformation, d.h. Meldungen zum Verbindungsauf- und -abbau etc., werden digital übertragen. Das C-Netz ist in der BRD und in Portugal jeweils landesweit eingeführt. Es ist für 800.000 Teilnehmer ausgelegt.

D1- und D2-Netz

Die beiden D-Netze nahmen 1992 in Deutschland den öffentlichen Mobiltelefon-Dienst innerhalb des paneuropäischen GSM-Netzes auf. Eine Flächendeckung in der BRD dürfte erst ab etwa 1994 erreicht sein. Bis Ende der 90er Jahre werden in Europa mindestens 10 Millionen, in der BRD über zwei Millionen Teilnehmer angestrebt. Das D1-Netz wird von der DBP TELEKOM und das D2-Netz von der Mannesmann Mobilfunk GmbH betrieben. In Kapitel 3 wird auf das GSM-System näher eingegangen.

NMT 450 – Nordic Mobile Telephone

NMT 450 war das erste analoge zellulare Mobilfunksystem in Skandinavien. Es wurde 1981 international in den skandinavischen Ländern eingeführt. Das System arbeitet im 450-MHz-Bereich und nutzt 180 Frequenzen. NMT 450 wird in Belgien, Dänemark, Finnland, Island, Luxemburg, Niederlande, Norwegen, Österreich, Schweden und Spanien eingesetzt.

NMT 900 – Nordic Mobile Telephone

NMT 900 ist eine Weiterentwicklung des NMT 450 im 900-MHz-Band mit 1000 Frequenzkanälen. Die Übertragungseigenschaften dieses Mobilfunksystems wurden insbesondere für urbane und gebirgige Regionen ausgelegt. Es wurde 1986 in Dänemark, Finnland, Niederlande (ATF-3), Norwegen, Schweden und in der Schweiz (Natel C) eingeführt.

AMPS – Advanced Mobile Phone System

Das amerikanische AMPS-System ist in Australien, Kanada, Neuseeland und in den USA im Einsatz. Eine landesweite Erreichbarkeit der mobilen Teilnehmer ist jedoch nicht gewährleistet, da die Mobilfunknetze in den USA meist Inselnetze sind und nur in besonderen Fällen miteinander verbunden werden können. AMPS wird im 800 MHz-Bereich mit 666 Kanälen mit analoger Übertragung betrieben.

TACS – Total Access Communication System

Das britische TACS-System wird in Bahrein, China, Großbritannien, Indien, Irland, Kuwait und in den Vereinigten Arabischen Emiraten eingesetzt. TACS beruht auf AMPS mit dem entscheidenden Unterschied, daß es im 900-MHz-Band mit 1000 Kanälen betrieben wird.

ETACS – Enhanced/Extended Total Access Communication System

ETACS ist eine Erweiterung von TACS, um den Nutzern im Großraum London die Verwendung von mehr Frequenzen zu ermöglichen. ETACS wird auch in Österreich eingesetzt.

J-TACS – Japan Total Access Communication System

In Japan wird J-TACS als ein auf TACS basierendes Mobilfunknetz von Netzbetreiber Daini Denden mit 600 Kanälen betrieben.

Radiocom 2000

RC 2000 ist ein analoges zellulares Autotelefonnetz in Frankreich. Es wurde im November 1985 gestartet und hatte 1990 etwa 170.000 Teilnehmer. Das Netz arbeitet im 200- und 400-MHz-Bereich und hat eine Kapazität von 240.000 Teilnehmern. Die Ausdehnung auf 900 MHz erlaubt eine Kapazitätserweiterung um weitere 40.000 Teilnehmer.

In Bild 2.1 sind die wesentlichen Parameter zellularer Mobiltelefonsysteme zusammengefaßt.

2.2 Funkrufsysteme

Unter dem Begriff Funkrufsysteme werden die öffentlichen („off-site") und die privaten Funkrufsysteme („on-site") zusammengefaßt. Bei öffentlichen Funkrufsystemen ist wegen der möglichst kurzen Belegungsdauer keine Sprachübertragung möglich. Je nach System erfolgt die Ausgabe akustisch, numerisch und/oder alphanumerisch. Die engli-

sche Bezeichnung für Funkruf ist „Paging". Das sogenannte „wrist-watch-paging"
(Paging in der Armbanduhr) wird in den USA bereits erprobt.

System	B-Netz	C-Netz	D-Netz	NMT 450	NMT 900	AMPS	TACS	J-TACS	RS 2000
Kanal-zahl	74	222	1000	180 bzw. 220	1999	666	1000	600	256
Kanal-raster (kHz)	20	20	200(*)	25	12,5	30	25	25	12,5
Duplex-abstand (MHz)	4,6	10	45	10	45	45	45	55	10
Bitrate Steuer-kanal (Bit/s)		5280	9600 bzw. 4600(**)	1200	1200	10000	8000	300	1200
Modula-tionsart		FSK	GMSK	FFSK	FFSK	PSK	PSK	PSK	FFSK
Frequenz-bereich (MHz)	148,41- 149,13 153,01- 153,73	451,3- 455,74 461,3- 465,74	890- 915 935- 960	453- 457,5 463- 467,5	890- 915 935- 960	825- 845 870- 890	890- 915 935- 960	870- 885 925- 940	406- 430

Bild 2.1 Hauptparameter existierender zelluarer Funknetze [Gab90] (*). Im Vergleich zu analogen
Systemen wird ein größeres Kanalraster mit 200 kHz verwendet, um acht Sprachkanäle im
Zeitmultiplex übertragen zu können. (**) s. Kapitel 3.3.

Folgende Funkrufsysteme sind derzeit im Einsatz:

Eurosignal

Eurosignal wurde 1974 eingeführt und ist flächendeckend in der Bundesrepublik, der
Schweiz und Frankreich nutzbar. Rund 200.000 Teilnehmer nehmen am Eurosignaldienst
teil. Der Eurosignalempfänger informiert den Benutzer über einen Signalton und ein bis
vier optische Anzeigen über Anrufe. Jeder optischen Anzeige ist eine besondere Rufnummer zugeordnet. Die Bedeutung der Signale muß zwischen dem Gerufenen und dem
Anrufer im voraus vereinbart werden.

Cityruf

Der Cityrufdienst wurde im März 1989 eröffnet. Dieser Funkrufdienst ist, wie aus dem
Namen ersichtlich wird, regional begrenzt. Die DBP TELEKOM strebt keine Flächendeckung an. Funktional gesehen ist Cityruf eine Erweiterung von Eurosignal. Beim Cityruf sind die drei Rufarten Nur-Ton, Numerik und Alphanumerik möglich. Bei der Rufart

Nur-Ton können wie bei Eurosignal vier unterschiedliche Signale empfangen werden. Bei Numerik ist der Ruf auf 15 Ziffern beschränkt, die auf einem Display angezeigt werden. Bei der Rufart Alphanumerik können bis zu 80 Zeichen je Nachricht übermittelt werden. Es können mehrere Nachrichten nacheinander abgesetzt werden.

Euromessage

Euromessage heißt der grenzüberschreitende Cityrufdienst, welcher seit dem 1. März 1990 in bestimmten Regionen der Bundesrepublik (Cityruf), Englands (Europage), Frankreichs (Alphapage) und Italiens (Teledrin) angeboten wird.

ERMES – European Radio Messaging System

ERMES ist ein europaweiter Funkrufdienst, der 1986 von den CEPT-Ländern [3] initiiert wurde. ERMES wird ähnlich wie Cityruf auch die Übertragung von kurzen Nachrichten ermöglichen. Die technischen Spezifikationen befinden sich in der Endphase der Normung, die durch das ETSI [4] erfolgt. Erste Versuchssysteme wurden 1992 in Betrieb genommen, und bis 1995 soll eine 80-prozentige Versorgung der Bevölkerung in den Signatarstaaten erreicht sein.

In Kapitel 4 werden die Funkrufsysteme ausführlich erläutert.

2.3 Schnurlose Telekommunikationssysteme

Unter dem Begriff „Schnurlose Telekommunikationssysteme" werden die Dienste und Anwendungen zusammengefaßt, die aus den heute bekannten schnurlosen Telefonen entstehen. Bei den schnurlosen Telefonen wurde im Prinzip lediglich das Kabel zwischen dem Telefonapparat und dem Telefonhörer durch eine Funkstrecke ersetzt. Bei den schnurlosen Telefonen[5] wird je nach Entwicklungsstand und Standard zwischen CT0 bis CT3-Geräten unterschieden. Seit 1986 sind in der Bundesrepublik schnurlose Telefone zugelassen. Diese Geräte basieren auf der CT1- und CT1+-Technologie. CT0, CT1 und CT1+ arbeiten mit analogen und CT2, CT3 und DECT mit digitalen Übertragungsverfahren.

CT0

Als CT0-Geräte werden die schnurlosen Telefone aus dem asiatischen Raum (Japan, Hongkong, Taiwan, Korea) bezeichnet. Bei diesen Geräten wird einer von 8 Frequenzkanälen entweder bereits werkseitig oder am Gerät fest eingestellt. Eine Frequenz um

---

[3] Conférence Européene des Administrations des Postes et des Télécommunications
[4] European Telecommunications Standards Institute
[5] engl. cordless telephone, CT

1,6 MHz und eine zweite um 47 MHz dienen der Trennung der beiden Duplexrichtungen. Man nennt dieses Verfahren *Frequency Division Duplex (FDD)*. Die wenigen Kanäle und die Reichweite von ca. 1 km ergeben eine sehr geringe Kapazität von etwa 1 Erlang/km^2 [6]. Nimmt man den im Durchschnitt typischen Verkehrswert für Privattelefone von 0,035 Erlang, dann sind etwa 30 Geräte/km^2 noch akzeptabel. Bei Geschäftsverkehr mit einem 6 bis 7 Mal höherem Verkehrswert wird die Anzahl der Geräte auf 4 bis 5 pro km^2 reduziert.

Die analoge Übertragungstechnik zusammen mit fest eingestellten Kanälen, welche mit jedem Weltempfänger empfangen werden können, machen diese Geräte sehr abhörempfindlich. Zudem sind sie häufig als billiges Massenprodukt für ein unkritisches Publikum konzipiert und verzichten deshalb auf Sicherheitsmaßnahmen gegen unbefugten Zugriff eines Handapparates auf eine fremde Basisstation und deren Amtsleitung.

Aus diesen Gründen sind CT0-Geräte in Europa bis auf England und Frankreich nicht zugelassen.

CT1

Die oben erwähnten Nachteile der CT0-Geräte haben die CEPT dazu veranlaßt, 1985 ein System für schnurlose Telefone zu spezifizieren. Dieses mit CT1 bezeichnete System hatte ursprünglich 40 Kanäle im 900 MHz-Bereich mit einer Kanalbandbreite von 25 kHz zur Verfügung. Die Reichweite wurde auf für Heimanwendungen ausreichende 300 m festgelegt. Die Kanäle werden alle 15 Sekunden dynamisch zugeteilt. Gegenüber CT0 wurde die Kapazität des Systems mit 200 Erlang/km^2 wesentlich erhöht.

CT1+

Da insbesondere bei Geschäftsanwendungen die Anzahl der Kanäle der CT1-Systeme zu gering war, wurde die CT1-Technologie weiterentwickelt. Seit 1990 werden in der Schweiz und in Deutschland sogenannte CT1+-Geräte im 800 MHz-Bereich angeboten. Im Unterschied zu CT1 beträgt die Kanalbreite 12,5 kHz. Damit stehen bei gleicher Bandbreite von 4 MHz 80 Kanäle zur Verfügung.

Das Abhören von Gesprächen wird zwar durch die hohe Frequenz und die kontinuierlich wechselnden Kanäle erschwert, abhörsicher sind CT1 und CT1+ aber keinesfalls. Ein unbefugter Zugriff auf die Basisstation ist jedoch dank umfassender Sicherungen nahezu ausgeschlossen.

CT2

Die mangelnde Qualität der CT0-Geräte führte in England zur Entwicklung der sogenannten CT2-Geräte [MPT 1334]. Im Gegensatz zu CT0, CT1 und CT1+ werden die Nachrichten digitalisiert übertragen. Das System verfügt über 40 Frequenzkanäle im 800

---

[6] Erlang ist eine Maßeinheit für das Verkehrsaufkommen in Kommunikationssystemen.

MHz-Bereich. Die beiden Duplexrichtungen werden nicht, wie bei CT0, CT1 und CT1+ durch verschiedene Frequenzen getrennnt, sondern man wechselt auf derselben Frequenz jede ˋMillisekunde die Übertragungsrichtung. Dieses Verfahren wird Time Division Duplex (TDD) genannt. Dadurch können die beim Frequency-Division-Duplex-Verfahren notwendigen teuren Filter durch einfache elektronische Schalter, die die Umschaltung der Übertragungsrichtung beim TDD vornehmen, ersetzt werden. Die für beide Richtungen verwendeten Frequenzkanäle sind in einem Raster von 100 kHz angeordnet.

Bei gleichbleibender Bandbreite des Systems von 4 MHz ergibt sich bei CT2 gegenüber CT1+ wegen der digitalen Übertragung eine höhere Kapazität von etwa 250 Erlang/ km². Zudem erlaubt die Digitaltechnik eine einfache aber effiziente Verschlüsselung der Sprache, so daß mit CT2 auch abhörsichere Systeme geschaffen werden können.

Der Handapparat von CT2-Telefonen wird auch für das in England entwickelte Telepoint-System genutzt. Mehrere europäische Netzbetreiber, u.a. die DBP TELEKOM, haben sich in einem *Memorandum of Understanding* für den Einsatz der CT2-Technologie in ihren Telepoint-Systemen (s. Kap. 5) entschieden. 1990 wurde in England eine einheitliche Luftschnittstelle CAI – Common Air Interface [MPT 1375] national genormt.

CT3

Eine Neuentwicklung der Firma Ericsson wird als CT3 bezeichnet. Dieses System eignet sich als schnurlose Nebenstellenanlage. In wesentlichen Teilen seiner Technik entspricht CT3 dem im folgenden Abschnitt beschriebenen DECT-System.

DECT – Digital European Cordless Telecommunications

DECT wird beim ETSI standardisiert und wird als einheitlicher europäischer Standard für schnurlose Telefone mit digitaler Nachrichtenübertragung spezifiziert. DECT soll die bisherigen schnurlosen Systeme im Heim (schnurloses Telefon), am Arbeitsplatz (schnurlose Nebenstellenanlage, schnurlose lokale Netze) und auf der Straße (Telepoint) ersetzen.

Um die schnurlose Telekommunikation auch am Arbeitsplatz [7] einsetzen zu können, ist eine Verkehrsdichte von bis zu 10.000 Erlang/km² pro Stockwerk erforderlich. Eine derartige Verkehrsdichte entspricht einem schnurlosen Telefon alle 20 m². Um die geforderte große Verkehrsdichte erreichen zu können, müssen die Funkzellen im Vergleich zu den zellularen Mobiltelefonnetzen sehr klein sein. Man spricht daher auch von Mikro- oder Picozellularsystemen.

Ein Hauptproblem der Systeme CT0, CT1, CT1+ und CT2 ist deren schlechte Tauglichkeit für den Aufbau zellularer Systeme. Bei DECT wird ein für die Zellulartechnik gut geeignetes gemischtes TDMA/FDMA-Verfahren verwendet. Auf einer Trägerfrequenz werden 12 Duplexkanäle mittels eines TDMA/TDD-Zugriffs (Zeitmultiplex und Zeitduplex) verwendet. Die Kanäle werden auch bei diesem System dynamisch zugeteilt.

---

[7] Man spricht in diesem Zusammenhang auch von *Business Cordless Telecommunications (BCT)*.

Dank der Digitaltechnik kann man auch bei DECT wirksame Sicherheitsmechanismen zur Sprachverschlüsselung und Prüfung der Zugangsberechtigung einsetzen.

Abschließend sind in Bild 2.2 die Hauptparameter der Standards für schnurlose Telefone zusammengestellt.

System	CT0	CT1	CT1+	CT2	DECT(CT3)
Signalübertragung	analog	analog	analog	digital	digital
Frequenzband (MHz)	1,6/47 MHz	914–916 959–961	885–887 930–932	864–868	1880–1900
Kanäle	8	40	80	40	ca. 150
Bandbreite	400 kHz	4 MHz	4 MHz	4 MHz	20 MHz
Zugriffsverfahren	FDMA	FDMA	FDMA	FDMA	FDMA/TDMA
Duplex	FDD	FDD	FDD	TDD	TDD
Kanalzuteilung	fest	dynamisch	dynamisch	dynamisch	dynamisch
Reichweite	<1000 m	<300 m	<300 m	<300 m	<300 m
Zelluarnetze	nein	beschränkt	beschränkt	beschränkt	ja
Kapazität	1 E/km²	200 E/km²	200 E/km²	250 E/km²	10000 E/km²

Bild 2.2 Hauptparameter schnurloser Telefonsysteme [Jac 90]

Schnurlose Telefonzellen (Telepoint)

Telepoint ist ein Telefonsystem, in dem ähnlich wie in herkömmlichen Telefonzellen nur abgehende Gespräche möglich sind. Die Telepoint-Funkfeststationen werden an stark frequentierten Orten, wie Bahnhöfen, Flughäfen, Einkaufszentren oder Hauptstraßen eingerichtet werden. Mit Westentaschen-Geräten kann im Umkreis von ca. 200 Metern um eine Feststation telefoniert werden. Die einzelnen Telepoint-Stationen sind ans öffentliche Telefonnetz angeschlossen. Die DBP TELEKOM startete 1990/1991 zwei Telepoint-Feldversuche unter dem Produktnamen „birdie". Ein Feldversuch wird im Raum Münster von der Fa. ASCOM Autophon mit CT1+-Technologie und der andere im Raum München von der Fa. Siemens mit CT2-Technologie von GPT [8] durchgeführt. In Kapitel 5 wird ausführlich auf das Thema Telepoint eingegangen.

Schnurlose Nebenstellenanlagen

Ursprünglich war CT2 lediglich als Weiterentwicklung der CT1-Technologie gedacht. Inzwischen wurde das Konzept erweitert. Es läßt den Betrieb von bis zu 24 Handapparaten mit einer Basisstation zu, wobei man sich bei bis zu 9 verschiedenen Basisstationen einbuchen kann. Damit kann mit CT2 eine schnurlose Nebenstellenanlage für die Nutzung

---

[8] GEC Plessey Telecommunications Ltd, ein Unternehmen der Siemens AG

zuhause und im Büro entwickelt werden. Man erspart sich damit die aufwendige Verkabelung der Gebäude, allerdings sind die Endgeräte und schnurlosen Nebenstellenanlagen derzeit noch teurer als drahtgebundene. Es ist zudem für größere Anwendungen denkbar, mittels der CT2-Technologie Mikrozellensysteme aufzubauen. Für diesen Zweck ist jedoch der DECT-Standard wesentlich besser geeignet als der CT2-Standard.

Schnurlose Lokale Netze

Für Anwendungen, die eine Mobilität von Datenendgeräten in lokalen Bereichen erfordern, ist es sinnvoll, die Datenkommunikation wie bei schnurlosen Nebenstellenanlagen über Funk abzuwickeln. Dazu müssen angepaßte Übertragungsprotokolle eingesetzt werden. In den Planungen zu den zukünftigen Systemen DECT und UMTS ist die schnurlose Anbindung von Arbeitsplatzrechnern in lokale bzw. Weitverkehrsnetze vorgesehen. Gleichzeitig wird in der Arbeitsgruppe 802.11 des IEEE [9] ein Normentwurf für derartige schnurlose lokale Netze erarbeitet.

2.4 Personal Communication Network (PCN)

PCN geht auf eine Initiative des englischen Ministeriums für Handel und Industrie (DTI) zurück. Eine konkrete Definition von PCN durch das Ministerium blieb jedoch aus. Die ursprüngliche Idee ging davon aus, daß die Nutzer von PCN-Systemen durch ein individuelles, sehr kleines und leichtes Endgerät an beliebigen Orten kommunizieren können. In diesem Ansatz sind Elemente des GSM-Systems und von DECT vereint. Zum einen ist ein zellulares Mobilfunknetz, wie das System der GSM, erforderlich. Zum anderen ist die universelle Einsetzbarkeit des Endgerätes im Heim-, Bürobereich und in der Öffentlichkeit ein Merkmal des DECT. Obwohl das DTI keine konkrete Definition vorgeschrieben hat, sind in Großbritannien drei Lizenzen an internationale Konsortien vergeben worden. Folgende Parameter wurden vom DTI vorgegeben:

- digitale Nachrichtenübertragung (vor allem Sprachkommunikation);

- Zwei-Weg-Kommunikation;

- Frequenzbereich: 1,7 bis 2,3 GHz (möglichst 1,7 bis 1,9 GHz);

PCN sollte möglichst bald, evtl. noch 1993 eingeführt werden. Durch den Zeitdruck, der den drei Konsortien auferlegt wurde, war es diesen nicht möglich, vollkommen neue Systeme zu spezifizieren. Daher wurde in weiten Teilen der GSM-Standard übernommen. Spezielle Unterschiede sind insbesondere durch den neuen Frequenzbereich gegeben. Ansonsten wurde auf einige Merkmale, die das GSM-System vorsieht, verzichtet. PCN-Systeme sind mittlerweile durch das ETSI unter dem Namen DCS 1800 [10] standardisiert worden, bzw. werden weiterhin spezifiziert. Da in neuesten Voraussagen über

---

[9] IEEE – Institute of Electrical and Electronics Engineers
[10] Digital Communication System

die Verkehrsdichte in Ballungsgebieten prognostiziert wird, daß die Kapazität des GSM-Systems dort überschritten werden kann, wird mittlerweile auch in Deutschland diskutiert, ob PCN-Netzbetreiber in solchen Ballungsgebieten zugelassen werden.

2.5 Universal Mobile Telecommunications System (UMTS)

UMTS ist ein RACE-Projekt [11] mit dem Ziel, dem Anwender für alle Einsatzgebiete einen sog. „Personal Communicator" zur Verfügung zu stellen. Das UMTS-Konzept basiert auf den Annahmen, daß es ein Bedürfnis nach mobiler, personenbezogener Kommunikation gibt, daß die mobilen Endgeräte zu einem Preis produziert werden können, der für den Großteil der Bevölkerung tragbar ist, und daß alle Funksysteme viele gemeinsame Eigenschaften besitzen. Es wird vorgeschlagen, für alle Mobil-Dienste, wie z.B. Autotelefon, schnurlose Nebenstellenanlagen, schnurlose lokale Netze oder Bündelfunk, dieselbe grundlegende Übertragungsmethode und Luftschnittstelle zu entwickeln. Dadurch könnten die Funkkomponenten weltweit in großer Stückzahl zu einem sehr niedrigen Preis produziert und in den verschiedensten Systemen eingesetzt werden. Verwendet jedes System dieselbe Luftschnittstelle und ein gemeinsames Kern-Protokoll, so ist ein Zusammenwirken der verschiedenen Dienste denkbar. Das UMTS-Konzept wird in Zusammenhang mit PCN in Kapitel 7 detaillierter vorgestellt.

2.6 Betriebsfunk, BOS-Funk, Personen-Ruffunk, Grundstückssprechfunk

Der Betriebsfunk ist Teil des sogenannten nicht öffentlichen mobilen Landfunks (nömL) und unterliegt einer Zulassungspflicht und einer festen Kanalzuteilung. Über Betriebsfunk werden mobile Einsatzkräfte von Unternehmen gesteuert. Beispiele sind der Taxi-Funk, die Steuerung von Warenverteilung per LKW, Wert- und Arzneischnelltransporte. Als BOS-Funk werden die entsprechenden Funknetze der Behörden, Verwaltungen und Organisationen mit Sicherheitsaufgaben bezeichnet. Die Kapazität des Betriebsfunks ist vielerorts ausgeschöpft.

Mit Personenruf-Funkanlagen werden Personen innerhalb eines Grundstücks gerufen und Anrufe bestätigt. Beim Grundstückssprechfunk kann zusätzlich zum Personenruffunk vom mobilen Gerät aus ein Gespräch begonnen werden. Wesentliche Nachteile des heutigen Betriebsfunks sind die Frequenzknappheit, die gemeinschaftliche Nutzung von Frequenzen durch mehrere Unternehmen, die damit verbundene Mithörmöglichkeit und die langen Wartezeiten durch Überlastung in den Spitzenzeiten.

---

[11] Research and Development for Advanced Communication in Europe

2.7 Bündelfunknetze

Die Bündelfunktechnik soll die Nachteile, die der heutige Betriebsfunk mit sich bringt, durch die gemeinsame Nutzung eines Frequenzbündels durch verschiedene Anwendergruppen aufheben. Die DBP TELEKOM hat seit Herbst '89 fünf befristete Betriebsversuche mit öffentlichen Bündelfunknetzen durchgeführt. Nach Abschluß der Versuche sind sie in den Normalbetrieb übergegangen. Sie werden unter dem Namen *Chekker* vermarktet.

In Frankfurt, Amsterdam und Zürich betreiben die Flughafenbetriebsgesellschaft und in Frankfurt die Lufthansa je ein privates Bündelfunknetz der Fa. AEG Mobile Communication (AMC, früher AEG Olympia). AMC ist außerdem der Lieferant der privaten Bündelfunknetze für den neuen Flughafen München II und für Mercedes-Benz in Stuttgart. Mittlerweile sind auch Lizenzen für öffentliche Bündelfunknetze vom Bundesministerium für Post und Telekommunikation an private Netzbetreiber vergeben worden. Auf die Bündelfunktechnik und -systeme wird in Kapitel 6 genauer eingegangen.

2.8 Digital Short Range Radio und CB-Funk

Die Betriebsmerkmale des allseits bekannten CB-Funks (Citizien Band Radio) sind: Sehr billige 27-MHz-Geräte für die ortsfesten und beweglichen Sprechfunkanlagen, extrem niedrige Genehmigungsgebühren für die beweglichen Sprechfunkanlagen und keine Gesprächsgebühren. Beim CB-Funk ist es jedoch sehr schwierig ein Gespräch aufzubauen, er unterliegt beachtlichen Interferenzen und ist deshalb für geschäftliche Nutzer nicht sehr vorteilhaft, außer sie arbeiten in einer Gegend mit niedriger Bevölkerungsdichte. Die Hauptanwender des CB-Funks sind deshalb Privatpersonen.

Im Gegensatz zum CB-Funk könnte der sogenannte „digitale Nahbereichsfunk" (*Digital Short Range Radio, DSRR*) aus Gründen des sehr günstigen Preis/Leistungsverhältnisses auch für Geschäftsanwendungen interessant werden. Die technischen Spezifikationen für DSRR werden in einer CEPT-Arbeitsgruppe erarbeitet, vom ETSI übernommen und anschließend in eine europäische Norm überführt werden [Ked 90a]. DSRR ist ein digitaler Zwei-Wege-Sprach- und Datenfunk. DSRR soll auf 79 Kanälen in den Bereichen 933 bis 935 MHz und 888 bis 890 MHz arbeiten. DSRR ist für den Nahbereichsbetrieb zwischen festen und mobilen oder mobilen und mobilen Einrichtungen ausgelegt. Der Betrieb im 900-MHz-Bereich begrenzt die Reichweite auf 0,5 bis 10 km. Auf diese Weise wird auch die Nachbarkanalbeeinflussung zugunsten der DSRR-Nutzer begrenzt.

Weitere Merkmale von DSRR sind:

- Optionale Sprachverschlüsselung;

- persönlicher Selektiv- oder Gruppenruf;

- begrenzte Senderausgangsleistung von 5 Watt;

- das Endgerät tastet sich durch die 75 Verkehrskanäle, bis es einen freien Kanal findet und belegt;

- GMSK-Modulation;

- Datenrate für Sprache bzw. Daten 16 kbit/s, für Signalisierung 1 kbit/s;

- Einzelgenehmigungen sind nicht erforderlich.

2.9 Satellitenkommunikation

Auch der Bereich der Satellitenkommunikation [Sch 86, DoB 90] wird wie alle bisher beschriebenen Systeme in Zukunft weiter expandieren. Dabei werden neben den bisher dominierenden Anwendungen Telefon, Datenübertragung und Satellitenfernsehen zunehmend auch neue Anwendungen wie Navigations- und Ortungssysteme angeboten. Im Zuge der Liberalisierung werden auch zusehends private Diensteanbieter Verbreitung finden.

Im folgenden werden einige der bisher dominierenden Diensteanbieter, ihre Systeme und einige besonders interessante Dienstangebote kurz vorgestellt.

INTELSAT:

Der größte Betreiber eines Satellitenkommunikationssystems ist die International Telecommunication Satellite Organization (*INTELSAT*) mit 200 Erdfunkstellen in über 100 Ländern. Das Mandat von INTELSAT ist es, für die Signatarstaaten Fernmeldeverbindungen für alle ortsfesten Dienste bereitzustellen, von Sprache über Daten bis Video sowohl für die interstaatlichen Verbindungen weltweit als auch für die inländischen Versorgungen.

INMARSAT:

So wie die INTELSAT die ortsfesten Dienste abdeckt, ist es das Mandat der 1980 in London gegründeten International Maritime Satellite Organization (*INMARSAT*), die mobilen Dienste zur See, im aeronautischen Sektor und im Landverkehr international zu versorgen. INMARSAT bot die Mobilkommunikation seit 1982 vor allem für die Schiffahrt über gemietete Satellitentransponder an. Seit 1990 verfügt INMARSAT auch über eigene Satelliten. Mit dieser zweiten Generation von Satelliten sollen vermehrt Dienste in den Sektoren Luftfahrt und Landverkehr angeboten werden. Bei der zweiten Generation können die Mobilstationen nun mit einer Bitrate von 600 Bit/s (bisher 300

Bit/s) mit den Bodenstationen Daten austauschen. Die Bodenstationen selbst haben Netzübergänge zu öffentlichen und privaten Datennetzen. Derzeit wird bei INMARSAT untersucht, welche weiteren Dienste (z.B. globales Paging [Ker 90]) technisch und ökonomisch realisierbar sind.

EUTELSAT:

So wie INTELSAT und INMARSAT international strukturiert und engagiert sind, arbeitet auf der europäischen Regionalebene die European Telecommunication Satellite Organization (*EUTELSAT*). Die 26 in der CEPT zusammengeschlossenen europäischen Postverwaltungen haben diese Organisation 1977 gegründet. EUTELSAT bietet mit ihrer Satellitenserie EUTELSAT-II ab 1992 die Dienste Fernsehen, Fernsprechen, Satellite News Gathering (SNG), Satellite Multiservice System (SMS), sowie Euteltracs an.

Unter „Satellite News Gathering" versteht man die Übertragung von TV-Nachrichtenmaterial vom Ort des Geschehens zu den Sendeanstalten. Unter der Bezeichnung „Satellite Multiservice System" versteht EUTELSAT ein Dienstangebot für kommerzielle Nutzer. Hierunter fallen Videokonferenzen, elektronische Post, Datenübertragung und Telefon.

Der Euteltracs-Dienst soll die Kommunikation von mobilen Systemen (z.B. Lastkraftwagen) mit einer Feststation (z.B. Speditionszentrale) ermöglichen. Hierbei kooperiert EUTELSAT mit den Unternehmen Qualcomm und Alcatel. Die Firma Qualcomm betreibt in den USA das Flottenmanagementsystem Omnitracs seit Juni 1988 mit inzwischen mehr als 12.000 Lastwagen. Alcatel soll die europäische Variante von Omnitracs, die Euteltracs heißen soll, anbieten. Euteltracs soll aus zwei Komponenten bestehen:

- Dem Kommunikationssystem, zum bidirektionalen Datenaustausch mit 600 Bit/s zwischen LKW und Speditionszentrale, oder auch um Telefongespräche zu führen,
- und dem Positionsbestimmungssystem, welches es der Speditionszentrale ermöglicht, über ein Navigationssystem – Euteltracs verwendet das unten beschriebene GPS-Verfahren – jederzeit den Standort eines bestimmten Fahrzeugs zu ermitteln.

DFS-Kopernikus:

Parallel zur Beteiligung der Bundesrepublik Deutschland an INTELSAT, INMARSAT und EUTELSAT betreibt die DBP TELEKOM im nationalen Rahmen das Projekt *Deutscher Fernmelde-Satellit (DFS-Kopernikus)*. Seit April 1990 bietet die DBP Telekom über ihren Satelliten DFS-Kopernikus als Betriebsversuch den ersten kommerziellen VSAT-Dienst in Deutschland an. Dieser von der DBP Telekom „Dasat" genannte Dienst ermöglicht die satellitengestützte Datenübermittlung mit kleinen stationären Empfangsanlagen (Very Small Aperture Terminals, VSAT [Moc 90]). Ob DFS-Kopernikus auch für Anwendungen mit mobilen Teilnehmern eingesetzt wird, ist derzeit nicht bekannt.

Global Positioning System (GPS):

GPS ist ein weltweites Ortungs- und Navigationssystem für Luftfahrt, Schiffahrt, Straßenverkehr und andere Bereiche. GPS ist ein amerikanisches Satellitensystem, das im Endausbau aus 24 Satelliten bestehen und eine weltweite Abdeckung sichern soll. Das System hat seinen Betrieb bereits aufgenommen. Die Satelliten senden periodisch Funksignale mit ihren Positionsdaten. Ein Empfänger, der Signale von mindestens drei Satelliten empfängt, kann daraus seine eigene Position auf der Erdoberfläche berechnen. Benötigt er auch noch eine Höhenangabe, etwa bei Flugzeugen oder Ballonen, muß er die Daten von vier Satelliten auswerten. Das System ist so ausgelegt, daß zu jeder Zeit und überall auf der Welt die Signale von mindestens vier Satelliten zu empfangen sind. Die GPS-Empfänger sind klein, leicht und benötigen nur eine kleine Antenne, z.B. auf dem Dach von Fahrzeugen.

Locstar:

Locstar ist ein europäischer Ortungsfunk- und Datenübermittlungsdienst, der Anfang 1993 den Betrieb aufnehmen soll. An der Betreibergesellschaft sind 42 europäische Unternehmen beteiligt. Die Technologie ist von der französischen Raumfahrtbehörde CNES [12] in Zusammenarbeit mit dem US-Unternehmen Geostar entwickelt worden, das ein gleichartiges System in den USA und Kanada betreibt. Das Locstar-System wird aus zwei geostationären Relaisstationen, einer Auswertungszentrale in Marseille und aus den mobilen Teilnehmerendgeräten bestehen. Die Zentrale wertet die von den Teilnehmerendgeräten an Bord eines LKWs, eines Eisenbahnwaggons, eines Geschäftsflugzeuges, eines Segelboots usw. abgestrahlten Signale aus, ermittelt deren Standorte mit einer Unsicherheit von etwa 100 m und übermittelt diese entweder an den betreffenden Teilnehmer oder an sonstige Bedarfsträger, wie z.B. die Dispositionszentrale eines Fuhrparks. Die erste Generation des Locstar-Systems arbeitet mit drei sogenannten Gebietsstrahlen, die ganz Ost- und Westeuropa einschließlich des Mittelmeerraums abdecken. Später soll die Abdeckung auch auf den Nahen Osten und Afrika ausgedehnt werden. Jeder Gebietsstrahl soll knapp 1 Million Teilnehmer unterstützen können.

Iridium:

Das sogenannte Iridium-System ist ein Vorschlag der Firma Motorola für ein auf Satelliten basierendes PCN-System. Das Iridium-System soll aus 77 Satelliten bestehen. Der Benutzer des Systems soll mittels kleinen Handapparaten eine Verbindung direkt über den nächstgelegenen Satelliten aufbauen können. Dieser Satellit sendet die Identifikationsdaten des Rufenden zu einer zugeordneten Erdstation, welche die Autorisierung des Benutzer überprüft. Bei einem positiven Ergebnis wird dann eine Verbindung über unter Umständen mehrere Satelliten zum Zielendgerät aufgebaut. Motorola sieht das Iridium-System nicht als Konkurrenz zu den terrestrischen Zellularnetzen, sondern als Ergänzung zu diesen.

---

[12] Centre National d'Etudes Spatiales

Terrestrial Flight Telephone System (TFTS):

Im Bereich der Flugzeugtelefonsysteme zeichnen sich derzeit zwei Entwicklungen ab. Das Skyphone-System befindet sich in der Einführungsphase, und das TFTS befindet sich im Standardisierungsprozeß bei ETSI. Das Skyphone-System arbeitet über die INMARSAT-Satelliten. Es wurde von British Telecom, Racal Avionics und British Airways entwickelt und wird auf den Transatlantikrouten den Flugzeugpassagieren von British Airways angeboten. Im Gegensatz zum Skyphone-System arbeitet TFTS mit einem terrestrischen Netz und soll deshalb billigere Gebühren als Skyphone ermöglichen. Während TFTS bei Flügen über dem europäischen Festland genutzt werden soll, wird der Schwerpunkt von Skyphone auf Telefongesprächen über den Weltmeeren und kaum besiedelten Gebieten bei Interkontinental- und Langstreckenflügen liegen. Skyphone überdeckt also jene Gebiete, die von einem terrestrischen System infrastrukturell nicht versorgt werden können.

3 Mobiltelefonnetze

In diesem Kapitel wird auf die in Deutschland bisher und zukünftig eingesetzten zellularen Mobiltelefonnetze näher eingegangen.

Wie in Kapitel 1 bereits erwähnt wurde, werden unter Mobiltelefonnetzen in diesem Zusammenhang Systeme verstanden, die das leitungsgebundene Telefonnetz derart erweitern, daß Teilnehmer mit mobilen Endgeräten sich in das Telefonnetz einwählen, von dort angerufen werden können, bzw. Verbindungen zu anderen mobilen Teilnehmern aufbauen können. Neuere Systeme erlauben zudem die Übertragung von Daten. Trotz dieser diensteintegrierenden Eigenschaften solcher Systeme werden diese Systeme des weiteren ebenfalls als Mobiltelefonnetze bezeichnet, da die Hauptanwendung die Sprachübertragung ist bzw. sein wird und diese Netze in der Regel auf Sprachverbindungen optimiert sind.

Die in diesem Kapitel beschriebenen Mobilfunknetze sind zellular aufgebaut. Dies bedeutet, daß sie zentral organisiert sind. Das heißt, die mobilen Station kommunizieren nicht direkt untereinander, sondern sind mit zentralen Funkstationen verbunden. Dadurch unterscheiden sie sich von den dezentral organisierten Funknetzen wie z.B. den sogenannten „Packet Radio Networks" ([LNT 87]). Dort können die Mobilstationen direkt miteinander in Verbindung treten.

Um Verbindungen zwischen beliebigen Teilnehmern zu ermöglichen, beinhalten zellulare Netze Vermittlungsfunktionen. Dadurch unterscheiden sich diese Netze von sogenannten Verteilnetzen, die Punkt-zu-Mehrpunktverbindungen betreiben.

Zu Beginn dieses Kapitels wird beschrieben, wie die in Deutschland verwendeten Mobilfunknetze entstanden sind. Anschließend wird auf das heute eingesetzte Netz C eingegangen. Im weiteren Verlauf wird das sich in der Einführung befindliche paneuropäische Mobilfunknetz, das in Deutschland unter den Namen D1- bzw. D2-Netz betrieben wird, erläutert.

3.1 Geschichte der Mobiltelefonnetze in der Bundesrepublik Deutschland

Die Anfänge des öffentlichen beweglichen Landfunkdienstes in Deutschland reichen bis in die Zeit vor dem zweiten Weltkrieg zurück (s. [DBP 88]). So war es 1926 den Fahrgästen der Bahnstrecke Berlin-Hamburg möglich, vom Zug aus Telefonate in das öffentliche Fernsprechnetz zu führen.

Ende der vierziger Jahre wurde mit dem Aufbau von Funkfeststationen begonnen. Die Geräte arbeiteten zunächst in unterschiedlichen Frequenzbereichen und mit offenem Sprachanruf. Es wurden im weiteren Verlauf verschiedene Selektivrufverfahren erprobt.

Als dann im Jahre 1958 ein einheitliches Selektivrufverfahren eingeführt wurde, begann die Zeit der Mobilfunknetze A1 und A2. Diese Netze arbeiteten im 2-m-Bereich und mit 50kHz Nachbarkanalabstand. Später kam noch das mit 20kHz Nachbarkanalabstand arbeitende Netz A3 hinzu, das aber über eine untergeordnete regionale Rolle hinaus keine wesentliche Bedeutung erlangte.

Das Mobilfunknetz A1 erreichte im Endausbau eine Flächendeckung von rund 80% der Bundesrepublik und wurde 1970 von mehr als 10.000 Teilnehmern benutzt.

Der Frequenzbereich der A-Netze lag bei 156 . . . 174 MHz und ermöglichte 16 Duplexkanäle. Die Vermittlung der Funksprechkanäle in den A-Netzen geschah von Hand.

Wesentlich mehr Komfort und Leistung bietet das Mobilfunknetz B, das im Jahre 1972 eingeführt wurde. So erlaubt dieses Netz eine Teilnehmerselbstwahl in beide Richtungen. Der Nachbarkanalabstand wurde von 50 kHz auf 20 kHz abgesenkt, was zu einer besseren Ausnutzung der vorhandenen Frequenzen führte. Das B-Netz verfügte zu Beginn über 37 Duplex-Kanäle. Da diese Kapazität im Laufe der Jahre immer weniger ausreichte, wurde 1980 das Netz B um weitere 37 Kanäle erweitert und dann als B/B2 bezeichnet. Die Nachfrage nach diesem Netz stieg stetig an und erreichte 1986 mit über 27.000 Teilnehmern ihren Höhepunkt. Netze mit gleicher Systemtechnik wurden auch in Österreich, den Niederlanden und Luxemburg aufgebaut.

In den B-Netzen findet keine Übergabe des Teilnehmers von einer Funkfeststation zur nächsten statt („Handover"), d.h. ein potentieller Anrufer muß wissen, im Bereich welcher Funkfeststation sich der anzurufende Teilnehmer befindet. Zudem kann es zu Störungen im Übergangsbereich zweier Funkfeststationen kommen (Überlappungen), da die Stationen gleiche Frequenzen verwenden können.

Unter „Roaming" versteht man die Möglichkeit eines Teilnehmers, sich im gesamten Mobilfunknetz frei bewegen zu können und unabhängig vom Aufenthaltsort unter der gleichen ihm zugeordneten Teilnehmernummer erreichbar zu sein. Dabei braucht ein rufender Teilnehmer den Aufenthaltsbereich des gerufenen weder zu kennen noch anzugeben.

Im Jahre 1979 schrieb die Deutsche Bundespost die Entwicklung eines neuen Funktelefonsystems aus. Das Netz sollte 1984 die ersten Teilnehmer aufnehmen. Der Termin konnte nicht ganz eingehalten werden. Das Mobilfunknetz C ging im September 1985 in den Probebetrieb. Der endgültige Betrieb wurde im Mai 1986 aufgenommen. Die Anzahl der Teilnehmer stieg sofort sprunghaft an und überstieg bereits im ersten Jahr die des älteren Netzes B/B2.

Zu Beginn der achtziger Jahre zeichnete sich in Europa der Trend zu vielen nationalen und inkompatiblen Funknetzen ab. Alle diese Netze arbeiteten und arbeiten mit analoger Sprachübertragung. Innerhalb der CEPT ging man aus diesem Grunde daran, ein paneuropäisches Mobilfunknetz zu entwerfen und zu standardisieren. Es wurde dazu eine Arbeitsgruppe – die Groupe Spécial Mobile (GSM) – gegründet. In den ersten Jahren

(1985/1986) wurden detaillierte Untersuchungen über ein geeignetes digitales Funkübertragungsverfahren durchgeführt. Nachdem man sich auf ein solches Übertragungsverfahren im Jahre 1987 einigen konnte, begannen im Jahre 1987 die Detailspezifikationen.

Im September 1987 wurde das „Memorandum of Understanding on the Introduction of the Pan-European Digital Mobile Communication Service" (MoU) von den beteiligten Staaten beschlossen. Dieses Memorandum war bereits 1989 von 18 europäischen Staaten unterzeichnet. Darin erklären sich diese Staaten bereit, den Mobilfunk nach den Empfehlungen der GSM einzuführen. Im März 1989 wurde die GSM dem ETSI („European Telecommunications Standards Institute") unterstellt.

In der Bundesrepublik Deutschland werden zwei Betreiber zwei Netze nach den GSM-Empfehlungen aufbauen und unterhalten. Es ist dies einmal die „DBP Telekom" (Netz D1) und zum zweiten die „Mannesmann Mobilfunk GmbH" (D2-Netz). Letztgenannte hatte eine entsprechende Ausschreibung gewonnen. Diese Ausschreibung wurde vom „Lenkungsausschuß Mobilfunk" unter der Leitung von Prof. Dr. E. Kantzenbach durchgeführt. Der „Lenkungsauschuß Mobilfunk" wurde am 11. 11. 1988 konstituiert und veröffentlichte im Juni 1989 die Ausschreibung für das Netz D2. Es gab insgesamt zehn Eingaben, davon kamen die meisten von Firmenkonsortien.

Dem letztendlichen Gewinner der Ausschreibung der „Mannesmann Mobilfunk GmbH" gehören folgende Firmen an. Die Firma Mannesmann AG besitzt mit 51% die Mehrheit ([ntz 90]).

- Mannesmann AG, Düsseldorf (51%)
- Pacific Telesis Netherlands B.V., NL
- DG Bank, Frankfurt
- Cable & Wireless plc., GB
- Lyonnaise des Eaux S.A., F
- vorgesehen: Zentralverband der deutschen Elektrohandwerke
- vorgesehen: Zentralverband des deutschen Kraftfahrzeughandwerks

Die Mobilfunknetze D1/D2 wurden 1992 in Betrieb genommen. Trotz anfänglicher Lieferschwierigkeiten bei mobilen Endgeräten soll 1993 die Versorgung der großen Städte, Hauptverkehrswege und Flughäfen gewährleistet sein.

3.2 Merkmale des Mobiltelefonnetzes C

Wie im vorigen Kapitel bereits angedeutet wurde, nahm das C-Netz im Mai 1986 seinen Betrieb auf. Neben der vergrößerten Kapazität (möglicher Endausbau 800.000 Teilnehmer) dieses Netzes wurden eine Reihe neuer Leistungsmerkmale realisiert.

Im Gegensatz zum leitungsgeführten Telefonnetz benötigt ein Teilnehmer des Netzes C eine Berechtigungskarte. Die Teilnehmernummer ist an diese Codekarte gebunden und nicht an das Endgerät.

Weiterhin wurde die sogenannte Kleinzellen- oder Zellulartechnik eingeführt. Dies bedeutet eine wesentliche Verkleinerung der Versorgungsgebiete einer Funkfeststation. Man spricht in diesem Zusammenhang von Funkzellen. Der Radius solcher Funkzellen hängt von dem jeweils zu erwartenden Verkehrsaufkommen in dem betreffenden Gebiet ab. Je größer das Verkehrsaufkommen wird, desto kleiner wird die Funkzelle gewählt. In Ballungsgebieten kann der Radius einer Zelle bis auf 2 km schrumpfen. Als typischer Radius einer Zelle wird in [DBP 88] 27 km genannt.

Eine Funkzelle ist durch die Funkfeststation (FuFSt) gekennzeichnet. Die Funkfeststation bildet die nichtmobile Seite der Luftschnittstelle. Über Funkkanäle können die Funktelefongeräte (FuTelG) Verbindung mit der Funkfeststation aufnehmen (vgl. Bild 3.1).

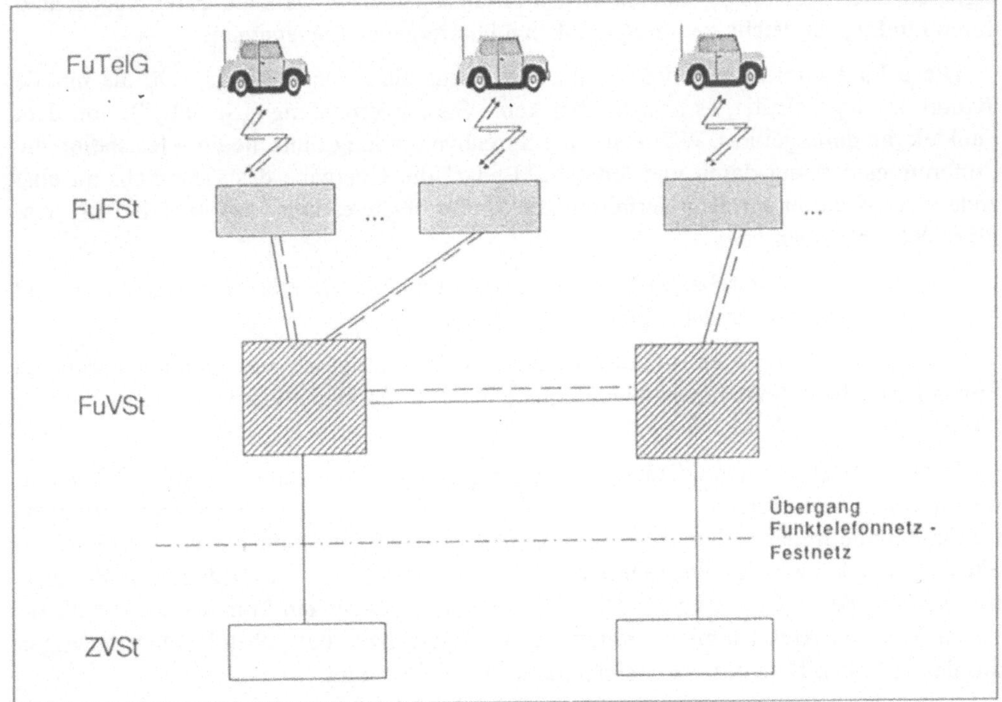

Bild 3.1 Schematischer Aufbau des Funktelefonnetz C

FuTelG: Funktelefongerät
FuFSt: Funkfeststation
FuVSt: Funkvermittlungsstelle
ZVSt: Zentralvermittlungsstelle
————— Sprechwege (analoge Übertragung)
— — — Datenwege (Übertragung digitaler Signalisierinformation zur Organisation des Funknetzes

Die Funkfeststationen sind mit den Funkvermittlungsstellen (FuVst) über Standleitungen verbunden. Diese bilden auch die Schnittstelle zu den Zentralvermittlungsstellen (ZVst) des leitungsgebundenen Telefonnetzes. Eine Funkvermittlungsstelle versorgt in der Regel 25.000 bis 60.000 Teilnehmer.

Im Netz C erfolgt die Erfassung und Anwesenheitsprüfung aktiver Funktelefone über den sogenannten Organisationskanal. Die Information wird auf diesem Kanal digital und synchron übertragen.

Die Übertragung des Sprachverkehrs erfolgt analog über sogenannte Sprechkanäle. Während einer Verbindungsphase erfolgt die Signalisierung ebenfalls über den Sprechkanal.

Eine wesentliche Neuerung beim Netz C ist das unterbrechungsfreie Umschalten der Funkfeststationen bei einem Zellenwechsel während einer Gesprächsphase („Handover"). Der Umschaltzeitpunkt wird durch eine Entfernungsmessung ermittelt. Diese Entfernungsmessung geschieht durch einen Vergleich der Laufzeiten der Nachrichten auf dem digitalen und synchron getakteten Organisationskanal bzw. während einer Verbindung durch Laufzeitvergleiche der im Sprechkanal übertragenen Steuersignale.

Diese Laufzeitmessung wird im aktivem Status eines Funktelefons, d.h. die mobile Station ist eingeschaltet, es besteht aber keine Sprechverbindung („Standby"), von dem Funktelefon durchgeführt. Während einer Sprechverbindung führt die Funkfeststation die Entfernungsmessung durch und leitet bei Bedarf die Übergabe des Gesprächs an eine andere Basisstation ein. Das Verfahren zur Entfernungsmessung wird in [DBP 88] ausführlich beschrieben.

Die bei einem Umschalten (Umbuchen) auftretende Unterbrechungsdauer beträgt höchstens 300 ms und ist daher kaum wahrnehmbar.

Während im Netz B ein rufender Teilnehmer den Aufenthaltsbereich eines gerufenen Funktelefons bzw. Teilnehmers kennen mußte, ist dies im moderneren Netz C nicht mehr nötig.

Dazu muß das System erkennen, welche Funkvermittlungsstation bzw. Funkfeststation für ein mobiles Telefon zuständig ist. Das Wechseln aus dem Gebiet einer Funkvermittlungsstelle in das Gebiet einer anderen („Roaming"), das immer auch das Verlassen einer Funkzelle bzw. den Wechsel der zugehörigen Funkfeststation bedeutet, muß dokumentiert werden („Umbuchen"). Dies ist notwendig, damit ein kommender Anruf zur zuständigen Funkfeststation vermittelt werden kann, bzw. bei gehenden Verbindungen auf den richtigen Datensatz des Teilnehmers zugegriffen wird.

Das Netz verwaltet die Informationen, die notwendig sind, um ein Gespräch richtig zu vermitteln, selbst. Dazu wird folgender Mechanismus verwendet:

Jede Funkvermittlungsstation führt zu diesem Zweck zwei Dateien, die Heimatdatei bzw. Fremddatei genannt werden. In der Heimatdatei sind alle Teilnehmer, die dieser Funkvermittlung zugeordnet sind, eingetragen. Diese Eintragungen sind, unabhängig davon ob der Teilnehmer aktiv ist, d.h. sein Funktelefon eingeschaltet hat oder nicht, in der Heimatdatei immer vorhanden. Ein Teilnehmer wird in eine Fremddatei nur dann eingetragen, wenn er sich im Bereich einer fremden Funkvermittlungsstelle befindet und aktiv ist, d.h. ein Funktelefon mit seiner Berechtigungskarte eingeschaltet hat.

Zudem wird in jeder Funkfeststation eine Datei geführt, in der alle aktiven Teilnehmer dieser Funkzelle eingetragen sind.

Weitere Leistungsmerkmale im Netz C sind:

- Sprechkanalfreier Verbindungsaufbau durch Ausnutzung des Organisationskanals,
- Sprachverschleierung, die durch Invertierung des Sprachbandes ermöglicht wird und das unberechtigtes Mithören erschwert, und
- Leistungsregelung der sendenden Funkfeststationen bzw. Mobilstationen.

Das Funknetz C bietet neben dem Telefondienst günstige Voraussetzungen für folgende Dienste (nach [Hil 89]), wenn man die Übertragung durch robuste Protokolle bzw. Fehlerkorrekturmaßnahmen absichert:

- Faksimile
- Datenübertragung mit Modem
- Zugang zum PAD (Paketier-, Depaketiereinrichtung) im DATEX-P-Netz
- Zugang zu TELEBOX
- Zugang zu Bildschirmtext

3.3 Die Mobilfunknetze D1 und D2

Wie im einführenden Abschnitt dieses Kapitels bereits angedeutet wurde, wird beim ETSI innerhalb des „Technischen Komitees GSM" („Groupe Spécial Mobile") ein paneuropäisches Funknetz („Public Land Mobile Network", PLMN) standardisiert.

Mit der Einführung dieses neuen Mobilfunknetzes wurde bereits 1991 begonnen. Längerfristig wird das GSM-Netz die nationalen Netze in Deutschland und in anderen europäischen Staaten ablösen.

Innerhalb der Bundesrepublik wird dieses System durch die Netze D1 bzw. D2 repräsentiert. Das D1-Netz wird die „DBP Telekom" betreiben. Das Netz D2 wird von der „Mannesmann Mobilfunk GmbH" aufgebaut und betrieben.

Als wichtigste technische Neuerung der GSM-Netze wird die digitale Übertragung auf den Nutzkanälen angesehen. Obwohl das Netz für Sprachübertragung optimiert wurde und dies auch als der wichtigste Dienst angesehen wird, ermöglicht die digitale Übertragung deutlich bessere Möglichkeiten zum Datentransfer als die analogen Techniken in den bisher bestehenden Funknetzen.

In den folgenden Abschnitten wird dieses Mobilfunksystem näher beschrieben.

3.3.1 Motivation und Ziele eines paneuropäischen Funknetzes

Ende der siebziger Jahre traf man in Europa eine Vielzahl von inkompatiblen, nationalen Funknetzen an. Eine Reihe von Ländern hatten ihre eigenen, nationalen Funktelefondienste entwickelt. Länderübergreifender Einsatz eines Systems kam nur vereinzelt durch bilaterale Verträge zustande.

Eine solche Aufsplitterung in nationale und inkompatible Netze zieht viele Nachteile nach sich:

- Dem Teilnehmer ist es nicht möglich, sein Funktelefon im Ausland zu nutzen.

- Nationale Netze werden in vielen Ländern grundsätzlich an die einheimische Industrie vergeben. Durch die geringere Stückzahl sind in solchen Fällen die Kosten des Systems relativ hoch. Die Netze bleiben oft unter den technisch realisierbaren Möglichkeiten in Bezug auf Leistungsfähigkeit, Dienstgüte und Funktionalität, da die bevorzugten Herstellerfirmen einem geringeren Konkurrenzdruck unterworfen sind.

- Jedes Land benutzt andere Frequenzen. Die knappe Ressource der zur Verfügung stehenden Frequenzbereiche wird oft nicht optimal ausgenutzt. Die Zersplitterung des Frequenzbandes kann zu Störungen vor allem in den Grenzbereichen der Länder führen.

- Ein länderübergreifendes Netz erlaubt große Stückzahlen. Dieses führt zu günstigeren Preisen durch Massenproduktion. Die günstigen Preise wiederum steigern die Akzeptanz unter den Benutzern und somit auch die Stückzahlen. Große Stückzahlen erlauben mehr Entwicklungsaufwand und bessere Systeme als dies bei nationalen Lösungen möglich ist.

Anfang der achtziger Jahre wurde die steigende Bedeutung der mobilen Kommunikation erkannt und ein steil ansteigender und starker Markt vorausgesagt. Diese Voraussage hat sich bestätigt und in den neunziger Jahren rechnet man mit einem weiteren sehr starken Anstieg des Umsatzes in der mobilen Kommunikation.

Die Ziele, die die GSM mit ihrem „Public Land Mobile Network" (PLMN) verfolgt, sind:

- Den Teilnehmern ein weites Feld von Sprach- und Datendiensten zur Verfügung zu stellen. Diese Dienste sollen nicht nur mit denen der leitungsgebunden Netze (Telefonnetz, Datennetze, ISDN) vergleichbar sein. Dem Teilnehmer soll vielmehr durch standardisierte Schnittstellen durchgängigen Zugriff auf die leitungsgebundenen Netze gewährt werden.

- Bereitstellung der Dienste in einer hohen Dienstgüte.

  Befindet sich ein Teilnehmer in einem Land, in dem ein GSM-System betrieben wird, so ist er unter seiner Rufnummer unabhängig von seinem Aufenthaltsbereich erreichbar. Dabei muß der rufende Teilnehmer den Aufenthaltsbereich des gerufenen weder kennen noch angeben.

- Ein Teilnehmer kann den Einzugsbereich einer Funkvermittlungsstelle bzw. Funkfeststation verlassen und in den Einzugsbereich einer weiteren eintreten. Dabei wird von

ihm keine Aktion verlangt, damit er seine Mobilstation weiter nutzen kann. Alle notwendigen Lokalisierungs- und Verwaltungsoperationen werden vom System automatisch angestoßen und durchgeführt („Roaming"). Laufende Gespräche werden durch
das Verlassen einer Funkzelle nicht unterbrochen („Handover").

- Die im GSM-System angebotenen Dienste sollen von einem breiten Spektrum mobiler
  Endgeräte genutzt werden; einschließlich Endgeräten auf Fahrzeugen, tragbaren Stationen und Handgeräten.

- Hohe Effizienz bei der Ausnutzung des zur Verfügung stehenden Frequenzspektrums;

- geringe Kosten sowohl beim Aufbau der Infrastuktur als auch beim Kauf der Endgeräte;

- Unabhängigkeit von Herstellerfirmen;

- digitale Übertragung sowohl von Signalisiersignalen als auch von Nutzinformation.

3.3.2 Dienste in den Netzen D1 und D2

Eine wichtige Rolle bei der Konzeption des paneuropäischen Funknetzes spielt die Definition der in diesem Netz standardisierten Dienste. Obwohl als Hauptanwendung des
GSM-Netzes der Telefondienst genannt wird, soll das GSM-Netz eine Integration der
verschiedenen Sprach- und Datendienste erlauben.

Unter Diensteintegration versteht man einerseits den Zugang zu mehreren Diensten
von einer Mobilstation unter einer Rufnummer und andererseits die Nutzung des GSM-
Netzes durch unterschiedliche Dienste. Ein diensteintegrierendes Netz muß zudem eine
Evolution der Dienste unterstützen.

Die in den Empfehlungen der GSM standardisierten Dienste werden in drei Hauptgruppen unterschieden. Es sind dies die Trägerdienste („Bearer Services"), die Teledienste („Teleservices", vgl. Bild 3.2) und die „Supplementary Services".

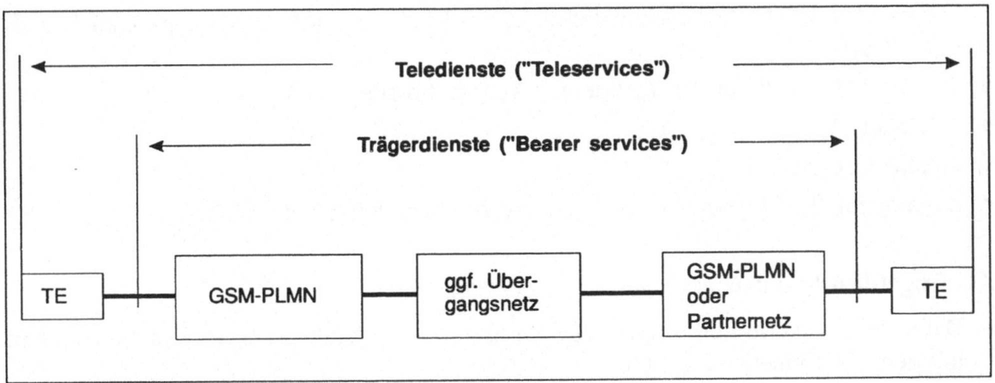

Bild 3.2 Unterscheidung von Telediensten und Trägerdiensten

Teledienste schließen die Endgeräte (TE, „Terminal Equipment") mit ein. Die Trägerdienste stellen an den Schnittstellen der Endgeräte mit dem Netz Kommunikationsdienste zur Verfügung. Die Verbindungen können sowohl innerhalb des Mobilfunknetzes bestehen als auch ggf. über ein Übergangsnetzwerk zu z.B. leitungsgeführten Partnernetzen wie dem ISDN, dem Telefonnetz oder den leitungs- bzw. paketvermittelten Datennetzen durchgeschaltet werden.

Als Trägerdienste werden Telekommunikationsdienste bezeichnet, die den Teilnehmern die Möglichkeit bieten, zwischen Nutzer-Netz-Schnittstellen Signale zu übertragen.

Ein Teledienst ist ein Telekommunikationsdienst, der einen Teilnehmer in die Lage versetzt, mit einem weiteren Nutzer gemäß standardisierten Protokollen zu kommunizieren. Teledienste schließen – wie aus Bild 3.2 ersichtlich ist – die Endgerätefunktionen mit ein.

Eine weitere Unterscheidung wird bezüglich der Einführung der Dienste getroffen. So werden die Dienste entweder mit „essential" oder mit „additional" gekennzeichnet.

Dienste mit dem Attribut „essential" werden im gesamten GSM-System eingeführt. Ein Index mit dem Wertebereich {1, 2, 3} gibt an, welche Dienste zuerst zur Verfügung gestellt werden müssen. So werden Dienste, die mit „E1" gekennzeichnet werden, in einer ersten Phase eingeführt. Danach werden die mit „E2" bzw. „E3" gekennzeichneten Dienste in einer zweiten bzw. dritten Phase realisiert.

Bei den Diensten mit dem Attribut „additional" ist es Betreibern freigestellt, diese Dienste anzubieten oder nicht zu unterstützen.

In den Empfehlungen der GSM sind u.a. unten aufgeführte Teledienste standardisiert ([GSM 2.03], [Hil 90]). In Klammern ist angegeben, ob der Dienst als "essential" (E1 . . . E3) oder als "additional" (A) eingestuft wird. Die mit „FS" („Further Study") gekennzeichneten Dienste sind noch nicht oder noch nicht vollständig spezifiziert:

- Telefondienst (E1)

- Notrufdienst (E1)

- 3 Kurznachrichtendienste („Short Message Mobile Terminated Point-to-Point" (E3), „Short Message Mobile Originated Point-to-Point" (A), „Short Message Cell Broadcast" (FS))

- 3 Videotext-Zugriffsprofile („Videotex Access Profile 1, 2, 3", (A))

- Teletext (A)

- Telefax Gruppe 3 (E2)

- Zugang zur „Elektronischen Post" nach X.400 in anderen Netzen (A)

Als Trägerdienste sind u. a. vorgesehen ([GSM 02.02]):

- Daten leitungsvermittelt, duplex-asynchron, 300 . . . 9600 Bit/s, in Zusammenarbeit mit dem Telefonnetz oder ISDN

- Daten leitungsvermittelt, duplex-synchron, 1200 . . . 9600 Bit/s, in Zusammenarbeit mit dem Telefonnetz bzw. ISDN oder einem leitungsvermittelten Datennetz

- Leitungsvermittelter Zugang zum PAD (Paketier-/Depaketierer) eines paketvermittelnden Datennetzes (Datex-P)
- Synchroner Duplex-Zugang zu einem paketvermittelten Datennetz 2400 . . . 9600 Bits/s
- „Alternate Speech/Unrestricted Digital"
- „Speech followed by Data"
- „12 kbit/s Unrestricted Digital"

Die Trägerdienste lassen sich ferner unterscheiden in transparente und nichttransparente Trägerdienste. Verwendet ein Teilnehmer einen transparenten Dienst, so wird ihm der Verkehrskanal ohne spezielle Kommunikationsprotokolle mit einer definierten Übertragungsrate zur Verfügung gestellt. Ein Beispiel hierfür ist die Sprachübertragung. Nichttransparente Trägerdienste verwenden Protokolle, deren Funktionalität den Schichten zwei und drei des OSI-Referenzmodells entspricht, um u.a. die Kommunikation durch Fehlerbehandlungsstrategien abzusichern bzw. durch Datenflußsteuerung zu optimieren.

Unter „Supplementary Services" versteht man weitergehende Leistungsmerkmale, die den Teilnehmern, die oben erklärte Tele- und Trägerdienste in Anspruch nehmen, angeboten werden. „Supplementary Services" sind unter anderem:

- Anzeige der Teilnehmernummer des rufenden Teilnehmers
- Rufumleitung
- Rufweiterleitung, wenn keine Antwort
- Rufweiterleitung, wenn der Mobilfunkteilnehmer nicht erreichbar ist
- Halten eines Rufes
- Konferenzschaltungen
- Geschlossene Benutzergruppen
- Sperren von abgehenden Verbindungen
- Sperren von abgehenden Verbindungen ins Ausland
- Sperren von abgehenden Verbindungen ins Ausland ausgenommen von Verbindungen in das Heimatmobilfunknetz
- Sperren von kommenden Verbindungen
- Sperren von kommenden Verbindungen, wenn sich der Teilnehmer außerhalb seines Heimatmobilfunknetz befindet

Eine vollständige Auflistung und Beschreibung der „Supplementary Services", der Träger- und Teledienste findet man in [GSM 2.04], [GSM 2.02] bzw. [GSM 2.03].

Weiterhin regeln die GSM-Empfehlungen bzw. das „Memorandum of Understanding" der Unterzeichnerstaaten den freien Umlauf der mobilen Endgeräte in den beteiligten Ländern. So wird die freie Ein- und Ausfuhr in den Ländern, in denen das GSM-System eingeführt wird, garantiert. Ein Teilnehmer muß nur bei einem Netzbetreiber ein Kundenverhältnis eingehen, um das System in allen Betreiberstaaten nutzen zu können und zu dürfen.

Die Eigenschaften der Funkübertragung erfordern einen besonderen Schutz einer Verbindung. Als besonders kritische Punkte sei an dieser Stelle nur auf die Gefahren durch unbefugtes Abhören einer Verbindung und Vortäuschen einer fremden Identität (falsche Gebührenabrechnung, Übertragung gefälschter Dokumente) verwiesen. Aus diesem Grunde wurden in die GSM-Empfehlungen auch Mechanismen zur Identifikation und Authentisierung der Teilnehmer und zur Absicherung der Dienste gegen Abhören aufgenommen.

3.4 Architektur des GSM-Systems

In diesem Kapitel wird auf den Aufbau des GSM-Systems und auf seine Arbeitsweise näher eingegangen. Im folgenden Abschnitt werden die Komponenten dieses Systems eingeführt und erläutert.

3.4.1 Funktioneller Aufbau des GSM-Systems

In [GSM 1.02] ist das GSM-System in folgende Teilsysteme unterteilt:

- Funksubsystem
- Vermittlungssubsystem
- „Operation and Maintenance Subsystem" (OMSS)

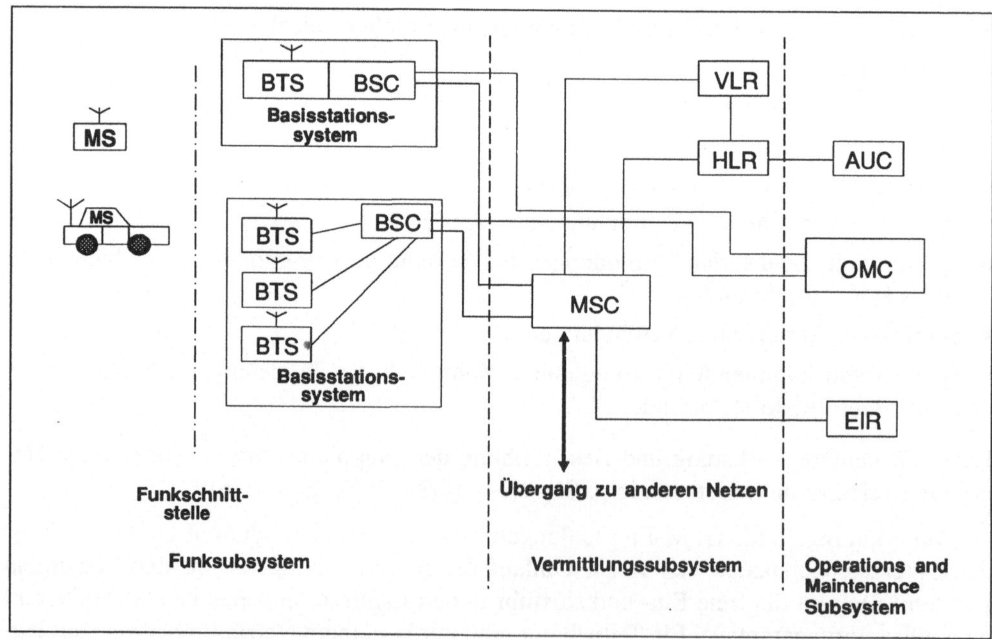

Bild 3.3 Unterteilung des GSM-Mobilfunknetzwerkes in Teilnetze nach [GSM 1.02]
(Abkürzungen siehe Text).

Auf diese Teilsysteme, deren Komponenten in Bild 3.3 dargestellt sind, wird in den folgenden Abschnitten eingegangen.

Funksubsystem

Das Funksubsystem wird von den mobilen Endgeräten („Mobile Stations", Mobilstationen, MS) und den Basisstationssystemen („Base Station System", BSS, [Böh 88]) gebildet.

Die mobilen Endgeräte erlauben den Teilnehmern den Zugriff auf das Funknetz, indem sie über die Luftschnittstelle Signale mit den Basisstationssystemen austauschen.

Funktional wird eine BSS aufgeteilt in den „Base Station Controller" (BSC) und den „Base Transceiver Station" (BTS). Während ersterer zur Realisierung funktechnischer Steuerungsaufgaben dient, führt der BTS den übertragungstechnischen Teil der Funkstrecke aus und bildet die Funkschnittstelle zu den mobilen Endgeräten.

Den Bereich, den eine „Base Transceiver Station" überdeckt, wird Funkzelle („Cell") genannt.

Das Funksubsystem umfaßt zwei Klassen von Funkkanälen:

- Verkehrskanäle („Traffic Channels" ,TCH)
- Steuerkanäle („Control Channels", CCH)

In den Verkehrskanälen werden digitalisierte Sprache bzw. Daten übertragen. In den GSM-Empfehlungen werden zwei Verkehrskanalarten unterschieden. Es sind dies die Verkehrskanäle mit den Bezeichnungen „Bm" und „Lm".

Erstere dienen zur Übertragung von Sprache mit 13 kbit/s oder entsprechenden Datenraten. Zukünftig sind Sprachcodecs zur Quellencodierung mit einer niederigerer Datenrate (6 . . . 7 kbit/s) geplant. Zu diesem Zweck wurden die Verkehrskanäle „Lm" definiert.

Die Steuerkänale umfassen mehrere Klassen. Eine Auflistung der wichtigsten Steuerkanäle und deren Beschreibung ist in Abschnitt 3.4.5 dargestellt.

Vermittlungssubsystem

Vermittlungstechnische bzw. netzorientierte Funktionen werden im Vermittlungssubsystem („Switching and Management Subsystem", SMSS) durchgeführt. Das Vermittlungssubsystem bildet ein Übergangsnetz zwischen dem Funknetz und den festen öffentlichen Partnernetzen (z.B. Telefonnetz, ISDN, Datennetze).

Dieses Teilsystem besteht aus den Komponenten:

- „Mobile Services Switching Centre" (MSC)
- „Home Location Register" (HLR)
- „Visitor Location Register" (VLR)

Der MSC realisiert Vermittlungsfunktionen in einem ihm zugeordneten geographischen Bereich. Zu seinen Aufgaben gehören unter anderem auch die Zuordnung der vorhandenen Frequenzen und Funktionen, die zur Registrierung, Übergabe und Verwaltung der mobilen Teilnehmer notwendig sind. Der MSC bildet weiterhin die Schnittstelle zu anderen in der Regel leitungsgeführten Kommunikationsnetzen (z.B. ISDN). Zu diesem Zweck hat die GSM „Interworking Functions" definiert [GSM 9.03 . . . 9.10].

Ferner werden alle Signalisierungsvorgänge, die zum Aufbau, Abbau und zum Verwalten von Verbindungen benötigt werden, im Vermittlungssubsystem nach dem Zentralkanal-Zeichengabesystem Nr. 7 [CCITT 90a] abgewickelt.

Dem Vermittlungssubsystem sind Datenbanken zugeordnet, in denen Daten über die Teilnehmer des PLMN gespeichert sind. Eine solche Datenbank bildet das „Home Location Register" (HLR). Im HLR sind neben den teilnehmerspezifischen Informationen (z.B. „International Mobile Subscriber Identity", IMSI) Daten über den Aufenthaltsort eines aktiven Teilnehmers gespeichert. Ein Teilnehmer ist dann aktiv, wenn er ein Mobilfunkendgerät eingeschaltet hat.

Hält sich ein aktiver Teilnehmer in einem Gebiet auf, das nicht von seinem HLR verwaltet wird, so wird er in das für seinen Aufenthaltsbereich zuständige „Visitor Location Register" (VLR) eingetragen. Die dazu notwendigen Informationen über den Teilnehmer werden vom HLR zum VLR übertragen.

Die Netzsignalisierung in diesem Teilsystem erfolgt nach dem Zentralkanal-Zeichengabesystem Nr.7.

Die Netzstruktur des Vermittlungssubsystems weist Parallelen zum Konzept der „Intelligenten Netze" auf. In der Literatur wird das GSM-System aus diesem Grunde auch als eine Realisierung eines Intelligenten Netzes betrachtet ([Bal 90] und [Aus 90]).

„Operation and Maintenance Subsystem"

Das „Operation and Maintenance Subsystem" (OMSS) setzt sich aus mehreren Komponenten der folgenden Systeme zusammen:

- „Operation and Maintenance Centre" (OMC),
- „Authentication Centre" (AUC) und
- „Equipment Identity Register" (EIR).

Das „Operation and Maintenance Centre" gibt dem Netzbetreiber die Möglichkeit, das System durch Monitorfunktionen zu kontrollieren, zu steuern, bzw. Fehlersituationen zu erkennen und zu beheben.

Insbesondere werden folgende Verwaltungsfunktionen vom OMC durchgeführt:

- Verwalten der Teilnehmer, Endgeräte, Gebühren, Gebührenabrechnungen und statistischen Daten;

- Sicherheitsfunktionen;
- Netzsteuerung in Bezug auf optimale Auslastung und Netzleistung und Wartung.

Eine weitere Aufgabe dieses Teilsystems ist das Unterstützen der Identifizierung und Authentisierung der Teilnehmer (siehe Kap. 3.4.3). Die Authentisierung erfolgt mit Hilfe des „Authentication Centre".

Das „Equipment Identity Register" dient zur Speicherung von Endgeräten, bzw. Teilnehmerkennungen, die gesperrt sind und über die keine Verbindung erlaubt wird.

3.4.2 Netzorganisation

In den Empfehlungen der GSM werden mehrere hierarchisch gegliederte geographische Einheiten unterschieden. Die kleinste Einheit bildet die Funkzelle (Bild 3.4). Eine Funkzelle ist gekennzeichnet durch ein „Base Transceiver System" (BTS), mit dem die aktiven Teilnehmer innerhalb dieser Funkzelle in Verbindung stehen.

Dabei werden genau definierte Frequenzen benutzt. Es muß gewährleistet sein, daß gleiche Frequenzen erst in genügend großem räumlichen Abstand wiederverwendet werden.

Die Größe der Funkzellen ist unterschiedlich. In großen Funkzellen ist die Wahrscheinlichkeit, daß ein mobiler Teilnehmer seine Zelle während eines Gesprächs verläßt, kleiner als in Zellen mit geringer Ausdehnung. Somit ist in großen Zellen die Wahrscheinlichkeit eines „Handovers" geringer.

Kleinere Zellen erlauben hingegen eine bessere Ausnutzung des Frequenzbandes, da mit geringerer Sendeleistung gearbeitet wird und somit die zur Verfügung stehenden Frequenzen in kleineren räumlichen Abständen wiederholt werden können.

Der GSM-Standard erlaubt Zellen mit einem Radius von bis zu 70 km. Größere Zellradien würden eine Signallaufzeit von mehr als der im Standard festgelegten Maximallaufzeit von 0,233 msec verursachen.

Im praktischen Einsatz wird die Größe von Zellen durch das Verkehrsaufkommen, die maximale Sendeleistung, die man den Sendern zugesteht, und die der Zelle zugeteilten Frequenzen bestimmt. Weiterhin müsssen topologische Gegebenheiten bei der Auslegung und Planung von Funkzellen berücksichtigt werden.

Daher werden beim Aufbau des GSM-Systems in Gebieten mit hohem Verkehrsaufkommen (städtische Gebiete) kleinere Zellen und in ländlichen Gebieten (geringeres Verkehrsaufkommen) größere Zellen eingerichtet werden.

So wird in [Bal 90] der kleinste zukünftige Zellenradius mit 350 m angegeben. Solch kleine Zellen erlauben ein Verkehrsaufkommen von bis zu 200 Erlang/km^2. Diese geringen Zellengrößen werden unter anderen dadurch ermöglicht, daß in den zugehörigen Basisstationen Sendeantennen mit einem Abstrahlwinkel von 120° eingesetzt werden. Diese Richtwirkung ermöglicht eine bessere Trennung von benachbarten kleinen Zellen.

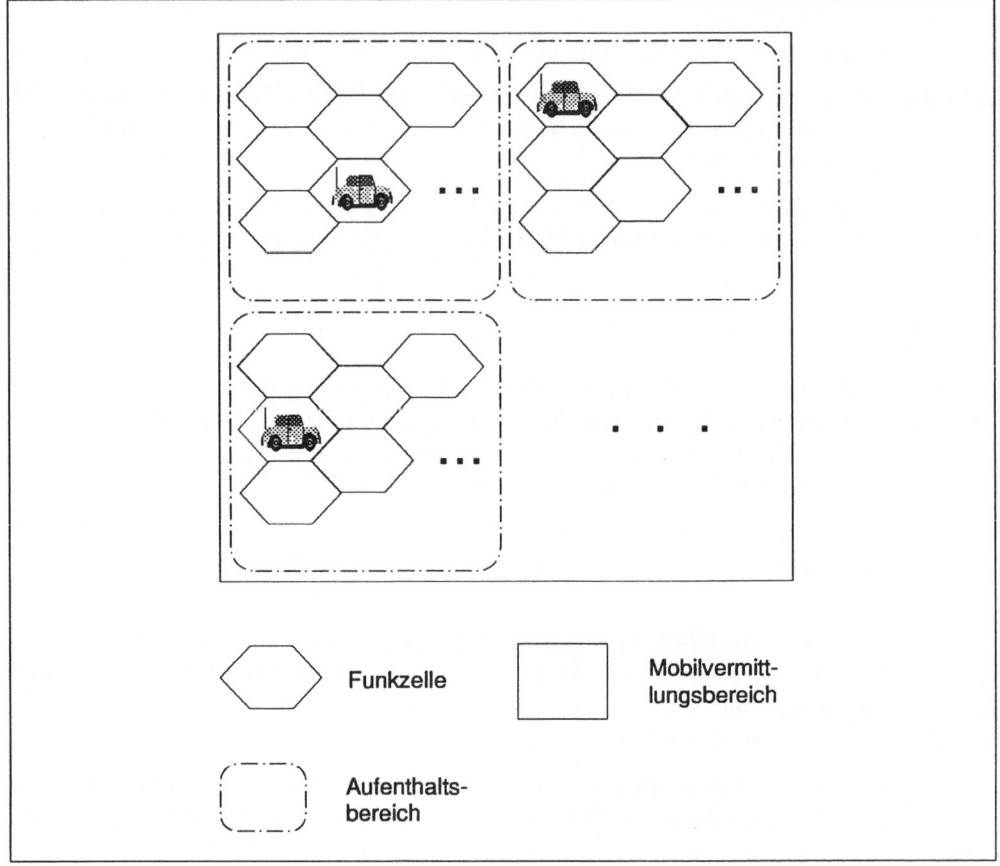

Bild 3.4 Organisatorischer Aufbau eines Mobilvermittlungsbereiches

Als Aufenthaltsbereich (siehe Bild 3.4) kann ein Bereich, der eine oder mehrere Funkzellen, bzw. Basisstationen beinhaltet, definiert werden. Innerhalb eines Aufenthaltbereichs kann sich ein mobiler Teilnehmer bewegen, ohne daß sein exakter Standort erfaßt wird. Jeder Aufenthaltsbereich ist genau einem VLR zugeordnet. Aufenthaltsbereiche werden mit Hilfe der „Location Area Identification" (LAI) eindeutig bezeichnet.

Jedem Mobilvermittlungsbereich ist eine MSC, ein HLR und ein VLR zugeordnet. Verläßt ein aktiver Teilnehmer einen Mobilvermittlungsbereich, so werden seine Einträge im HLR und VLR neu aktualisiert. Es ist vorgesehen, daß ein MSC, HLC bzw. VLR mehrere Mobilvermittlungsbereiche versorgt, bzw. versorgen kann.

Alle Mobilvermittlungsbereiche eines Betreibers zusammen bilden ein Mobilkommunikationsnetz. Durch den Zusammenschluß der Mobilkommunikationsnetze der einzelnen Betreiber wird schließlich das paneuropäische Mobilfunknetz gebildet.

3.4.3 Zusammenwirken der Teilsysteme

Die Teilsysteme, die in den vorhergehenden Abschnitten beschrieben wurden, bilden zusammen das Mobilfunknetz. Um das Verständnis für diese Systeme zu vertiefen, wird in diesem Abschnitt anhand folgender Beispiele auf das Zusammenspiel oben genannter Komponenten eingegangen:

- Registrierung eines Teilnehmers
- „Handover"
- Authentisierung und Codierung

Registrierung eines Teilnehmers

In einem Mobilfunknetz nach GSM-Norm werden Anrufe vom System selbständig an den mobilen Empfänger weitergeleitet. Um dies zu ermöglichen, ist es notwendig, den Aufenthaltsort eines jeden aktiven Teilnehmers zu kennen. Diese Daten werden in den „Fremddateien" („Visitor Location Register", VLR) und in den Heimatdateien („Home Location Register", HLR) geführt.

Die Registrierung von Teilnehmern dient zur Aktualisierung der Fremddateien. Sie ist immer dann notwendig, wenn ein Teilnehmer seinen Aufenthaltsbereich wechselt oder sein Endgerät aktiviert und während der Zeit, in der das Endgerät ausgeschaltet war, den Aufenthaltsbereich gewechselt hat. Zudem wird eine Registrierung periodisch durch einen „Timer" im Endgerät initiiert.

Im vorigen Abschnitt wurde ein Aufenthaltsbereich als derjenige Bereich definiert, der durch einen Eintrag im VLR gekennzeichnet ist. Ein Aufenthaltsbereich kann mehrere Funkzellen umfassen.

Der jeweils gültige Aufenthaltsbereich wird in jedem Endgerät gespeichert. Weiterhin sendet jede Basisstation in einem Steuerkanal die Kennung des Aufenthaltsbereichs, dem sie zugeordnet ist („Location Area Identification", LAI). Erkennt ein Endgerät, daß die gespeicherte LAI mit der empfangenen nicht übereinstimmt, so initiiert es einen Registriervorgang.

Dabei sendet es eine Nachricht über die Basisstation an die Mobilvermittlungsstelle. Diese leitet die Nachricht an die zugeordnete Fremddatei weiter. Dieser Vorgang ist in Bild 3.5 dargestellt und dort mit (1) gekennzeichnet. Die Nachricht umfaßt die Kennung der Mobilstation (IMSI) und die LAI des gespeicherten und des neuen, empfangenen Aufenthaltsbereichs.

Die aktuelle Fremddatei (in Bild 3.5 „VLR2") überprüft dann, ob der alte Aufenthaltsbereich ebenfalls von ihr verwaltet wird. Wenn dies der Fall ist, so genügt ein Umbuchen in der lokalen Datenbank.

Hat ein Mobilfunkteilnehmer seinen Aufenthaltsbereich („LAI 1" in Bild 3.5) verlassen, so wird das "Home Location Register" des Teilnehmers („HLR 1") und das neue und alte „Visitor Location Register" („VLR 2" bzw. „VLR 1") aktualisiert.

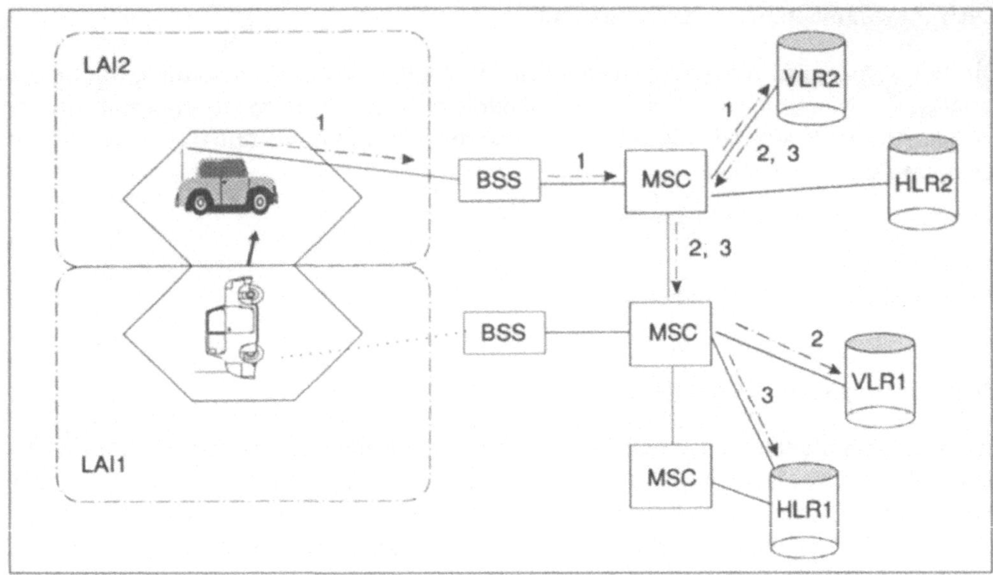

Bild 3.5 „Roaming"

Wird der alte Aufenthaltsbereich, wie in Bild 3.5 dargestellt, von einer anderen Fremddatei verwaltet, so wird dieser Fremddatei eine Nachricht übersandt (VLR1, bzw. Nachricht 2 in Bild 3.5). Der Eintrag in VLR1 wird daraufhin gelöscht. Weiterhin wird die Heimatdatei des Teilnehmers aktualisiert (3). Die Kennung der Heimatdatei kann aus der Kennung des Teilnehmers (IMSI) abgeleitet werden.

Diese Prozedur ist auch dann notwendig, wenn keine Gesprächsverbindung besteht. Wechselt ein Teilnehmer während einer Gesprächsverbindung seinen Aufenthaltsbereich, so werden zusätzliche Verwaltungsfunktionen notwendig („Handover"). Im Anschluß an eine Registrierung eines Teilnehmers, der in den Aufenthaltsbereich einer neuen Fremddatei wechselt, wird eine Authentisierung durchgeführt. Auf diese wird in Abschnitt weiter unten eingegangen.

„Handover"

Verläßt ein mobiles Endgerät eine Funkzelle während eine Verbindung besteht und tritt das mobile Endgerät in den Bereich einer anderen Funkzelle ein, so darf die Verbindung nicht abgebrochen werden. Das mobile Kommunikationsnetz muß vielmehr die Verbindung auf die neue Funkzelle verlagern. Ein solches Umschalten auf eine neue Zelle nennt man „Handover".

Im folgenden werden die notwendigen Verwaltungsoperationen anhand der Bilder 3.6a bis 3.6d erläutert.

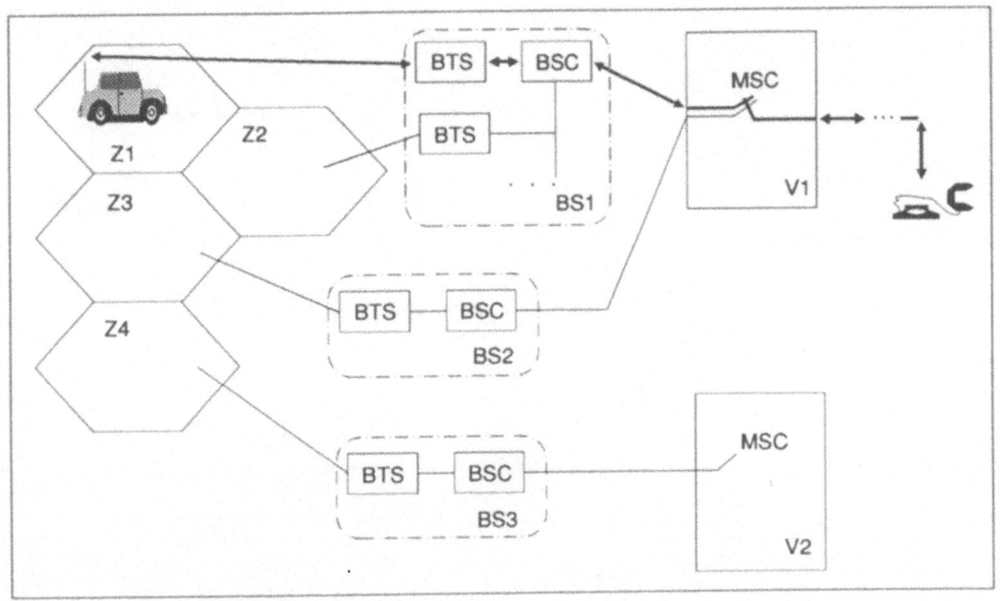

Bild 3.6a „Handover". Die folgenden Bilder 3.6a bis 3.6d beschreiben Situationen, die bei einem „Handover" auftreten können.

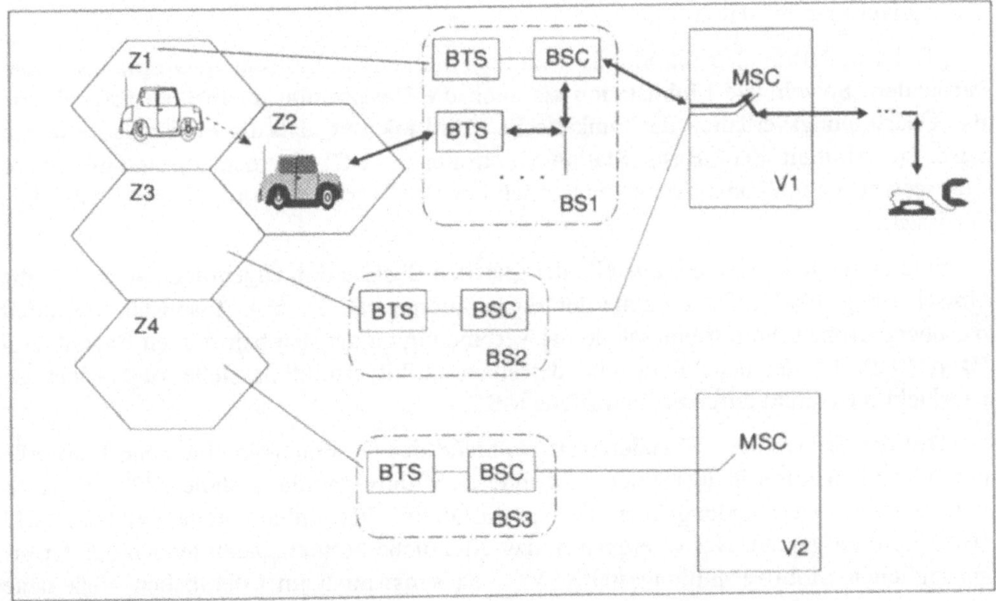

Bild 3.6b

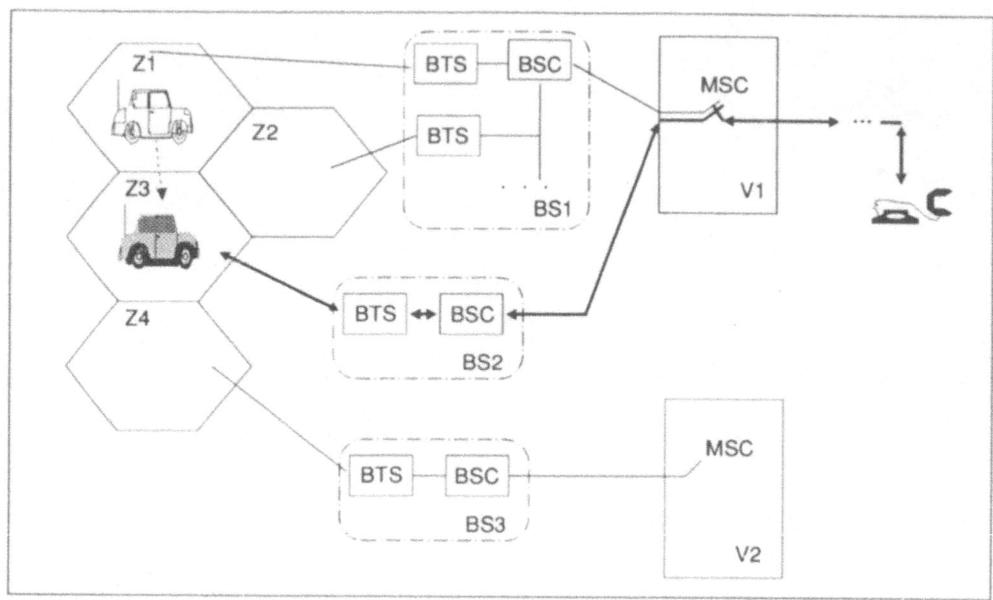

Bild 3.6c

Zu Beginn eines Gesprächs befinde sich der Teilnehmer „T" im Bereich der Funkzelle „Z1". Diese Zelle wird von der Basisstation BS1 bedient. In Bild 3.6a sind die Komponentensysteme einer Basisstation, der „Basis Station Controller" (BSC) und die „Basis Transceiver Station" dargestellt.

„T" ist weiterhin über die Mobilvermittlungsstelle „V1" mit seinem Gesprächspartner verbunden. Sowohl die Mobilstation als auch die Basisstation überprüfen fortwährend das Übertragungsverhalten der Funkstrecke. Wird erkannt, daß die Funkzelle verlassen wird, so ermittelt der „Basis Station Controller" (BSC) die neu zuständige „Basis Transceiver Station" oder, wenn der Bereich des BSC verlassen wird, die neu zuständige Basisstation.

Sind die neue bzw. alte Funkzelle der gleichen Basisstation zugeordnet, so erfolgt die Umschaltung lokal auf der Ebene der Basisstationen (Bild 3.6b). Ansonsten vermittelt die übergeordnete Vermittlungsstelle die Verbindung zu der neu betroffenen Basisstation (Bild 3.6c). Ist die neue Funkzelle derselben Mobilvermittlungsstelle zugeordnet, so geschieht dies direkt durch die betroffene MSC.

Tritt der Teilnehmer „T" andererseits während des Gesprächs in eine neue Funkzelle ein, die zudem zum Einzugsgebiet einer anderen Mobilvermittlungsstelle „V2" gehört, so wird eine neue Verbindung über die neu zuständige Vermittlungsstelle „V2" zu „V1" (Bild 3.6d) aufgebaut. Der Übergang in das öffentliche Festnetz bleibt jedoch bei der ursprünglichen Mobilvermittlungsstelle „V1", da sonst auch im öffentlichen Netz neue Verbindungen bei einem „Handover" aufgebaut werden müßten. Die Überwachung der Verbindung wird weiterhin von „V1" durchgeführt.

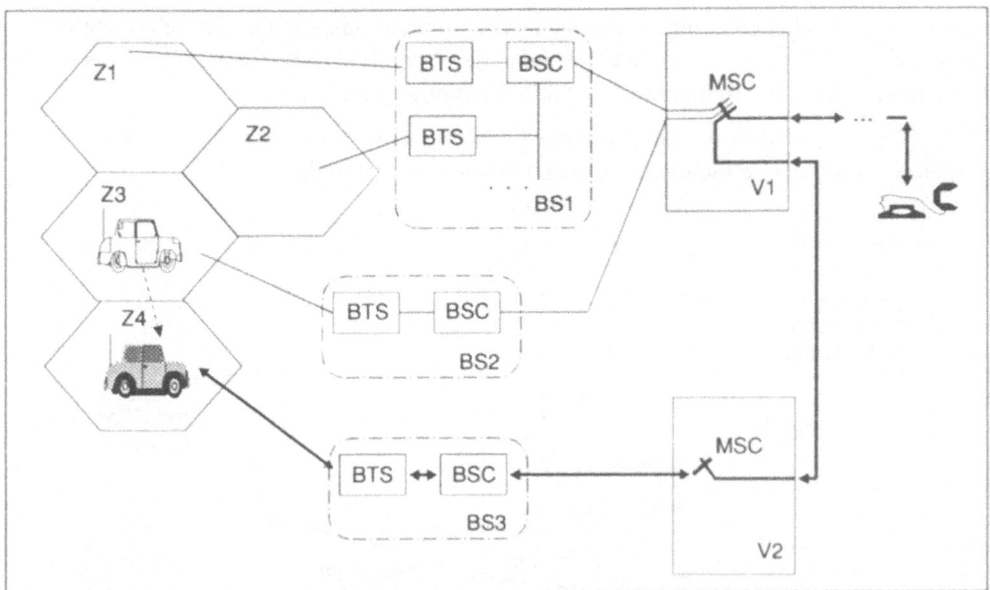

Bild 3.6d

Authentisierung und Codierung

Im Gegensatz zu einem leitungsgebundenen Kommunikationssystem, in dem man den Anschluß anhand der Anschlußlage identifizieren kann, ist man bei einem Funkkommunikationssystem gezwungen, andere Authentisierungsmechanismen zu verwenden.

Dabei kann einmal die Identität des Benutzers auf einer persönlichen Teilnehmerkarte („Smart-Card") eingetragen sein, die der Benutzer in das Endgerät vor Gesprächsbeginn einlegt. Dieses Vorgehen besitzt den Vorteil, daß der Benutzer nicht an ein bestimmtes Endgerät gebunden ist. Die Abrechnung der Gesprächsverbindung erfolgt dabei automatisch auf den Namen des Benutzers und nicht auf die Kennzeichnung des Geräts.

Im GSM-Standard ist andererseits auch die Möglichkeit offengelassen, die Identität des Endgeräts zu erfassen. Dabei erfolgt die Abrechnung der Gesprächsgebühren bezüglich des Endgeräts, bzw. dessen Besitzers.

Es ist leicht einzusehen, daß es in beiden Fällen von höchster Wichtigkeit ist, daß der Teilnehmer bzw. das Endgerät vom System richtig erkannt werden. Dabei muß die Möglichkeit, daß böswillige Benutzer eine falsche Identität vortäuschen und somit falsche Gebührenabrechnungen und weitere zum Teil strafrechtlich signifikante Vergehen bewirken können, vom System her ausgeschlossen werden.

Zudem besteht in einem Funknetz bei unverschlüsselter Signalübertragung immer die Gefahr des unerlaubten Mithörens durch unautorisierte Dritte.

Um jede Möglichkeit eines Mißbrauchs des Systems auszuschließen, sehen die GSM-Empfehlungen einmal die Verschlüsselung der Verkehrskanäle und zum anderen die Authentisierung jedes Teilnehmers vor dem Verbindungsaufbau vor.

In Bild 3.7 werden die Mechanismen, die zur Codierung der Nutzkanäle und zur Authentisierung der Teilnehmer eingesetzt werden, verdeutlicht.

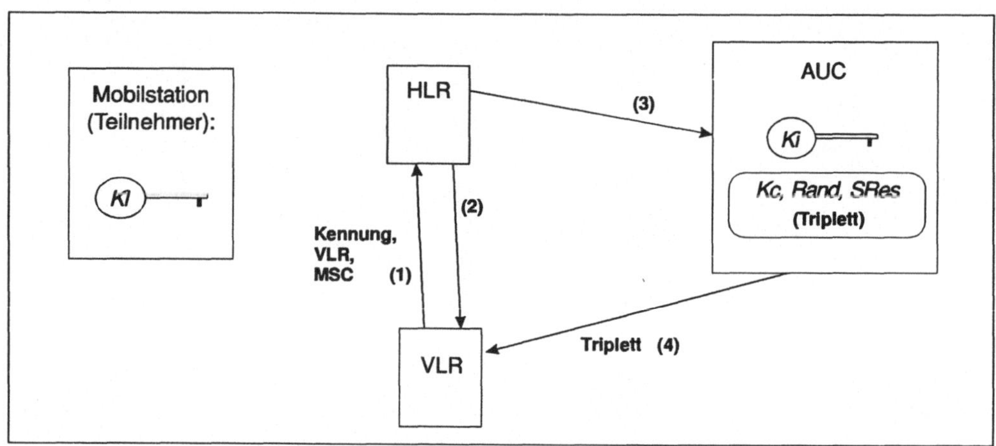

Bild 3.7 Kenngrößen für die Authentisierung von Teilnehmern und die Codierung von Verbindungen im GSM-System

Ki: geheimer, teilnehmerspezifischer Schlüssel; „Ki" ist nur der Mobilstation und dem „Authentification Centre" (AUC) bekannt.

Rand: Zufallszahl, die für die Authentisierung bei einem Verbindungsaufbau verwendet wird.

SRes: („Signed Response"); wird aus „Ki" und „Rand" mittels des Algorithmus „A3" berechnet. Dient zur Authentisierung des Teilnehmers; (A3(Ki, Rand) $\Rightarrow$ SRes)

Kc: Schlüssel für die Codierung der Verkehrskanäle; „Kc" wird aus „Rand" und „SRes" mittels des Algorithmus „A8" gerechnet. (A8(Rand, SRes) $\Rightarrow$ Kc)

Triplett: Satz bestehend aus „Rand" und „SRes", der für die Authentisierung des Teilnehmers notwendig ist. Ein Triplett ist nur für jeweils einen Authentisierungsvorgang gültig und wird danach verworfen.

Jedem Teilnehmer ist ein geheimer Schlüsser „Ki" zugeordnet und auf seiner Codekarte abgespeichert. „Ki" ist ferner in dem dem Teilnehmer zugeordneten „Authentication Centre" (AUC) abgelegt.

Wird ein Teilnehmer in ein VLR eingetragen, sei es, daß er in den Bereich einer neuen MSC eintritt oder daß er sein Endgerät in einem solchen Gebiet aktiviert, so wird seine Kennung vom VLR an das HLR übermittelt ((1) in Bild 3.7).

Das HLR des Teilnehmers sendet daraufhin an das VLR eine entsprechende Meldung, worin die Kennung des Teilnehmers, des VLRs und der zugehörigen MSC enthalten ist ((2) in Bild 3.7).

Ferner spricht das HLR das ihm zugeordnete Authentisierungszentrum (AUC) an (3). Daraufhin wird in dem AUC wie folgt vorgegangen:

- Suchen des teilnehmerspezifischen Schlüssels „Ki"

- Generierung einer Zufallszahl „Rand"

- Berechnung eines Codes „SRes" („Signed Response"). Dabei werden als Eingangsgrößen „Ki" und „Rand" verwendet. Der dazugehörige Algorithmus wird „A3" genannt (siehe [GSM 3.20]).

- Berechnung des Schlüssels für den Codiermechanismus der Verkehrskanäle „Kc". Für die Berechnung von „Kc" werden „Rand" und „SRes" als Eingangsgrößen verwendet. Die Rechenvorschrift wird als „A8" bezeichnet (siehe [GSM 3.20]).

Nach diesem Vorgehen liegen insgesamt die vier Werte „Kc", „Rand", „SRes" und „Ki" vor. Aus letzterem wurden die anderen Werte generiert. Aus diesem Grunde ist „Ki" besonders geschützt. Von „Ki" haben nur die Mobilstation und das AUC Kenntnis. Die anderen drei Werte werden als Triplett dem VLR übermittelt ((4) in Bild 3.7).

Bemerkung: In der Regel wird gleich eine Anzahl von Tripletts generiert und zum VLR übertragen. Weiterhin lassen die GSM-Empfehlungen die Möglichkeit zu, „Ki" zum VLR zu übertragen und dort das Triplett „Rand", „SRes", und „Kc" zu berechnen. Dieses Vorgehen ist allerdings weniger sicher, da „Ki" abgehört werden könnte.

Da bei der Generierung eines solchen Tripletts der teilnehmerspezifische Schlüssel „Ki" verwendet wurde, ist das Triplett nur für diesen Teilnehmer gültig. Für jede Verbindung wird ein neues Triplett generiert, d.h. jedes Triplett wird nur einmal verwendet.

Bei einem Verbindungsaufbau wird nun der Schlüssel „Kc" zur Basisstation (1 in Bild 3.8) und die Zufallszahl „Rand" zur Mobilstation übertragen (2).

Die Mobilstation errechnet sich nun mit „Ki" und „Rand" unter Verwendung des Algorithmus „A3" den Wert „SRes" (3) und überträgt diesen zum VLR (4). Dort wird überprüft, ob die von MS und AUC errechneten Werte für „SRes" übereinstimmen (5).

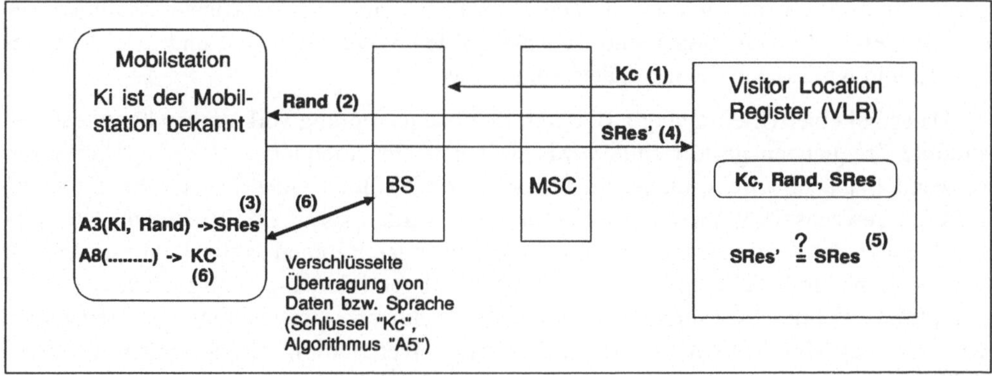

Bild 3.8 Authentisierung eines Teilnehmers beim Verbindungsaufbau und Verschlüsseln der Übertragung

Ist dies der Fall, so ist der Teilnehmer authentisiert und der Verbindung kann stattgegeben werden.

Weiterhin berechnet die Mobilstation den Wert für „Kc" (Algorithmus „A8"). Mit dem Schlüssel „Kc" und einem stromorientierten Verschlüsselungsverfahren, das als „A5" bezeichnet wird, wird der Verkehrskanal zwischen Mobilstation und zugeordneter Basisstation codiert ((6), siehe [GSM 3.20]).

3.4.4 Technische Daten der Funkschnittstelle

Die Funkschnittstelle wird von den Komponenten Mobilstation und Basisstation gebildet.

Eines der wichtigsten Kriterien beim Entwurf der Funkschnittstelle war eine möglichst effiziente Ausnutzung des zur Verfügung stehenden Frequenzbands.

Für das GSM-System wurden europaweit zwei Frequenzbänder in den Bereichen 890 . . . 915 MHz und 935 . . . 960 MHz reserviert. Da im GSM-System eine Trennung von Sende- und Empfangsrichtung durch das Frequenzduplexverfahren erfolgt, wird jeweils ein Band für die Sende- und eines für die Empfangsrichtung genutzt. Daher beträgt der Duplexabstand, d. h der Frequenzabstand zwischen Sende- und Empfangsrichtung 45 MHz.

Neben der Sprachcodierung und der Modulation spielt dabei insbesondere die Auswahl eines geeigneten Multiplexverfahrens eine große Rolle. In den GSM-Empfehlungen ist eine Kombination von Frequenzmultiplex- („Frequency Division Multiple Access", FDMA) und Zeitmultiplexverfahren („Time Division Multiple Access", TDMA) standardisiert.

Dabei wird das zur Verfügung stehende Frequenzband in 124 Trägerfrequenzen aufgeteilt. In jedem dieser Frequenzbereiche können 8 („Bm"-) bzw. 16 („Lm"-) Verkehrskanäle im Zeitmultiplex übertragen [Pin 89] werden.

Ein Rahmen eines gemultiplexten Kanals umfaßt dabei acht Zeitschlitze und dauert 4,615 ms. Parallel zu den Verkehrskanälen werden Steuerkanäle übertragen. Dies geschieht dadurch, daß jeweils 26 Zeitrahmen zu einem übergeordneten Rahmen zusammengefaßt werden. Dabei sind 24 Rahmen den Verkehrskanälen und zwei Rahmen (Nr. 13 und Nr. 26) den Steuerkanälen zugeordnet.

Da es bei einer Übertragung z.B. durch Mehrwegeempfang vorkommen kann, daß bestimmte Frequenzen gestört sind, wird zusätzlich ein „Frequency Hopping"-Verfahren verwendet. Dabei wird nach jedem übertragenen Rahmen eines Kanals die Frequenz zyklisch gewechselt. Während einer Verbindung werden somit eine Reihe von Frequenzen benutzt. Ist eine Frequenz gestört, so gehen zwar Rahmen verloren, dieser Verlust wird jedoch durch Fehlerbehandlungsverfahren abgemildert bzw. ausgeglichen und ist zumindest bei Sprachverbindungen tragbar. Die zyklische Umschaltung der Frequenzen wird von der Mobilstation und der „Base Transceiver Station" (BTS) synchron durchgeführt.

Die technischen Parameter des GSM-Systems sind:

- Frequenzband: 890-915 MHz und 935-960 MHz
- Kanalabstand: 200 kHz
- Übertragungsrate: 270.833 kbit/s
- TMDA-Rahmen: 4.615 ms; 8 bzw. 16 Kanäle pro Trägerfrequenz. Über jede Trägerfrequenz werden 8/16 Verkehrskanäle im Zeitmultiplex übertragen. Ein Rahmen umfaßt dabei 8 Zeitschlitze.
- Modulation: „Gaussian Minimum Shift Keying" (GMSK) mit Modulationsindex 0.30
- Kanalcodierung: „Convolutional code"
- Sprachcodierung: „13 kbit/s Regular-Pulse Excitation with Long-Term Predictor (RPE/LTP)" [GSM 6.10]

3.4.5 Protokolle der Funkschnittstelle

Zwischen den Komponenten des GSM-Mobilfunksystems wurden eine Reihe von Schnittstellen definiert. Die wohl wichtigste und komplexeste davon ist die Funkschnittstelle. Diese wird durch die beiden Komponentensysteme Basisstation (BS) und Mobilstation (MS) gebildet.

Die Funkschnittstelle ist in der Serie GSM 4.x (z.B. [GSM 4.03]) der ETSI-Standards genormt. In diesem Abschnitt wird auf den Aufbau der Protokolle, die diese Schnittstelle beschreiben, eingegangen.

Die Nachrichten, die übertragen werden, unterscheiden sich in ihrer systeminternen Bedeutung. Man kann zwei Klassen einteilen. Eine Klasse bilden die Nutzdaten. Die zweite Klasse umfaßt die Informationen, die das System zur Steuerung bzw. zum Betrieb benötigt. Die Übertragung aller Daten findet über sogenannte logische Kanäle statt. Im Gegensatz dazu versteht man unter einem physikalischen Kanal die Übertragungskapazität, die durch ein bestimmtes Frequenzband gegeben ist. Auf physikalischen Kanälen werden logische Kanäle gemultiplext übertragen.

Im folgenden wird auf die logischen Kanäle und auf die genormten Kommunikationsprotokolle näher eingegangen. Dabei ist, wenn von einem Kanal gesprochen und nichts anderes explizit angegeben wird, immer ein logischer Kanal gemeint.

Steuer- und Verkehrskanäle

Wie bereits in Abschnitt 3.4.1 angedeutet wurde, wird an der Funkschnittstelle sowohl Nutzinformation als auch Steuerinformation übertragen. Als Nutzinformation wird dabei der Datenstrom bezeichnet, der zwischen den Teilnehmern, die die Verbindung unterhalten, ausgetauscht wird. Die logischen Kanäle, über die Nutzinformation übertragen wird, werden Verkehrskanäle („Traffic Channels", TCH) genannt.

Steuerinformationen werden nicht bis zum Teilnehmer durchgereicht. Diese Daten dienen zur Signalisierung und zur Steuerung des Systems. Typische Aufgaben, die mit Hilfe von Steuerinformationen bewältigt werden, sind die Signalisierung zur Vermittlung von Verkehrskanälen, zum Management der mobilen Teilnehmer („Mobility Management") und zur Zugriffsregelung auf Funkkanälen.

Steuerinformationen werden über sogenannte Steuerkanäle („Control Channels", CCH) übertragen. Diese Steuerkanäle bieten den Mobilstationen einen blockorientierten, kontinuierlichen Kommunikationsdienst. D.h. innerhalb des PLMN kann jede Mobilstation auf Steuerkanälen jederzeit Nachrichten von Basisstationen empfangen bzw. an diese Nachrichten senden.

Da die Steuerung und das Management eines Mobilfunknetzes bei weitem mehr Signalisierungsaufwand als bei einem Festnetz erfordert, wurden eine Reihe von Steuerkanälen von der GSM definiert:

- „Broadcast Control Channel" (BCCH): Mit diesem Kanal wird eine Punkt-zu-Multipunkt-Verbindung zwischen den Basis- und den Mobilstationen in den zugeordneten Funkzellen aufgebaut. Die Basisstation sendet auf dem BCCH Daten aus, die die Mobilstationen u.a. dazu benötigen, um sich einer Funkzelle zuordnen zu können. Der BBCH ist ein Simplexkanal, d.h. es sendet nur die Basisstation. Die MS empfangen ausschließlich.

- „Common Control Channel" (CCCH): CCCH ist ein Oberbegriff für die Steuerkanäle, die zur Zugriffsregelung auf die Verkehrskanäle eingesetzt werden. Beispiele von Kanälen, die zum CCCH gezählt werden, sind:
  - Random Access Channel: Dieser Kanal ermöglicht es den Mobilstationen, die zugeordnete Basisstation anzusprechen.
  - Access Grant Channel: Über diesen Kanal überträgt das GSM-Netz Nachrichten an die Mobilstation.
  - Paging Channel: Über diesen Kanal wird eine Mobilstation aufgefordert, sich bei der Basisstation zu melden, wenn ein kommender Verbindungswunsch zur Mobilstation vorliegt.

- „Dedicated Control Channel" (DCCH): DCCH ist ein Oberbegriff für Steuerkanäle mit Punkt-zu-Punkt-Charakter. Über diese Steuerkanäle können Signalisierungsnachrichten mit unterschiedlichen Bitraten übertragen werden. Diese Signalisierungsnachrichten dienen zur Verbindungssteuerung.
  - Fast Associated DCCH (FACCH): Dieser Steuerkanal ist mit einem Verkehrskanal verknüpft. D.h. er wird nur dann aufgebaut, wenn ein Verkehrskanal existiert. Die Übertragung über den Verkehrskanal und FACCH geschieht parallel. Dieser Kanal erlaubt u.a. Bitraten von 4600 bit/s bzw. 9200 bit/s.
  - Slow Associated DCCH (SACCH): Wie der FACCH wird auch der SACCH parallel zu Verkehrskanälen betrieben. Die Übertragungsraten über diesen Steuerkanal sind geringer als die des FACCH.
  - Stand-alone DCCH (SDCCH): Dieser Steuerkanal ist nicht mit einem Verkehrskanal verknüpft. Die Übertragungsraten über diesen Steuerkanal betragen 4600 bzw. 9200 bit/s.

Die Verkehrskanäle werden in Bm- und Lm-Kanäle unterschieden, die jeweils eine bestimmte Übertragungskapazität besitzen.

- Bm-Kanal („Bm-Channel"): Der Bm-Kanal erlaubt eine Übertragung von 13 kbit/s. Die dabei auftretenden Verzögerungszeiten und das dabei gezeigte Fehlerverhalten erlauben eine Dienstgüte, die ausreicht, um Sprache zu übertragen. Dabei wurde das im vorigen Abschnitt genannte Sprachcodierverfahren „RPE/LTP" zugrundegelegt. Weiterhin ist über den Bm-Kanal die Übertragung von Daten mit 12, 6 bzw. 3,6 kbit/s vorgesehen. Aufbauend auf dieser Übertragungskapazität kann ein weites Feld von Diensten realisiert werden.

- Lm-Kanal („Lm-Channel"): Die Übertragungsrate dieser Verkehrskanäle beträgt rund die Hälfte der der Bm-Kanäle. Die Lm-Kanäle wurden konzipiert, um niederratige Übertragung von Sprache zu ermöglichen. Dazu sind noch leistungsfähigere Codierverfahren als bisher verfügbar notwendig. Datenübertragungen sind mit Bitraten von 6 bzw. 3,6 kbit/s möglich. Die Entwicklung solcher Sprachcodieralgorithmen ist heute Gegenstand intensiver Forschungsarbeiten.

Der Aufbau und der Betrieb der einzelnen Verkehrs- und Steuerkanäle geschieht nicht unabhängig voneinander. Vielmehr wird in dem Standard [GSM 4.03] beschrieben, welche Konfigurationen von Kanälen für die einzelnen Betriebsmodi der Mobilstationen benötigt und verwendet werden. Mögliche Konfigurationen sind:

1.) BCCH: Auf dem „Broadcast Control Channel" empfängt die Mobilstation z.B. kurz nach dem Einschalten des Geräts.

2.) CCCH: Auf den „Common Control Channels" empfängt bzw. sendet die Mobilstation, wenn sie eingeschaltet ist und keine Nutzverbindung besteht. Typischerweise werden in diesem Zustand Informationen zum Netzmanagement, z.B. Registrierung von Teilnehmern, ausgeführt.

3.) CCCH und BCCH: Auch diese Kanalkonfiguration benutzt die Mobilstation im aktiven Zustand, d.h. sie ist eingeschaltet, es werden jedoch keine Nutzdaten über Verkehrskanäle übertragen.

4.) SDCCH und SACCH: Diese Kanäle werden u.a. für Kurznachrichtendienste verwendet.

In den Fällen 5 bis 7 werden Konfigurationen beschrieben, in denen Verkehrskanäle genutzt werden. Diese Konfigurationen werden zum Betrieb von Nutzverbindungen verwendet.

5.) Bm, FACCH und SACCH

6.) Lm, FACCH und SACCH

7.) Lm, Lm, FACCH und SACCH

Weiterführende Literatur zu diesem Thema findet der interessierte Leser in [GSM 4.03], bzw. [Pin 89].

Kommunikationsprotokolle der Funkschnittstelle

Die Kommunikationsprotokolle der Funkschnittstelle orientieren sich am OSI-Referenzmodell [CCITT X.200]. Der Aufbau ist in drei Schichten gegliedert. Diese entsprechen prinzipiell denen der unteren drei der sieben Schichten des Referenzmodells, sind jedoch an die speziellen Eigenschaften eines zellularen Funknetzes angepaßt, bzw. um Funktionen, die zur Netzorganisation und Funkkommunikation notwendig sind, erweitert.

Die physikalischen Eigenschaften des Übertragungsmediums Funk einerseits und die Merkmale des GSM-Mobilfunksystems andererseits, prägen diese Kommunikationsprotokolle.

Im folgenden wird auf die wesentlichen Eigenschaften der Protokolle der drei Schichten eingegangen. Eine weitergehende Beschreibung der Protokolle findet der interessierte Leser u. a. in den im folgendem Bild 3.9 dargestellten Standards.

	Bezeichnung:	Wichtige Standards:
Schicht 3:	Layer 3	GSM 4.07, 4.08, 4.10
Schicht 2:	Data Link Layer	GSM 4.05, 4.06
Schicht 1:	Physical Layer	GSM 4.04

Bild 3.9 Wichtige Kommunikationsprotokolle der Funkschnittstelle

Schicht 1: „Physical Layer"

Die Schicht 1 („Physical Layer") ist mit der Bitübertragungsschicht im OSI-Referenzmodell im wesentlichen vergleichbar. Die Aufgabe dieser Schicht ist die Übertragung von Datenströmen über das physikalische Medium. In Bild 3.10 ist dargestellt, wie die übergeordneten Schichten auf diese Schicht zugreifen. Dabei fällt auf, daß im Unterschied zum OSI-Referenzmodell auch eine Instanz der Schicht 3 – das „Radio Resource Management" – direkt auf die unterste Schicht zugreifen kann. Durch diesen Zugriff werden einerseits Kanalzuweisungen gesteuert. Andererseits kann die Schicht 3 Informationen über den Zustand des „Physical Layers" und der Funkverbindung, wie Kanalmessungen, Fehlerwahrscheinlichkeiten, Empfangsstärken etc. abfragen. Diese Informationen benötigt die Schicht 3 um für zellulare Funknetze typischen Aufgaben erfüllen zu können. Dazu zählen unter anderem die Funktionen „Handover" und „Roaming".

Typische Dienste des „Physical Layers" sind:

- Bereitstellen von Übertragungsdiensten für Steuer- und Verkehrskanäle bzw. multiplexen dieser logischen Kanäle auf den zur Verfügung stehenden physikalischen Kanal.

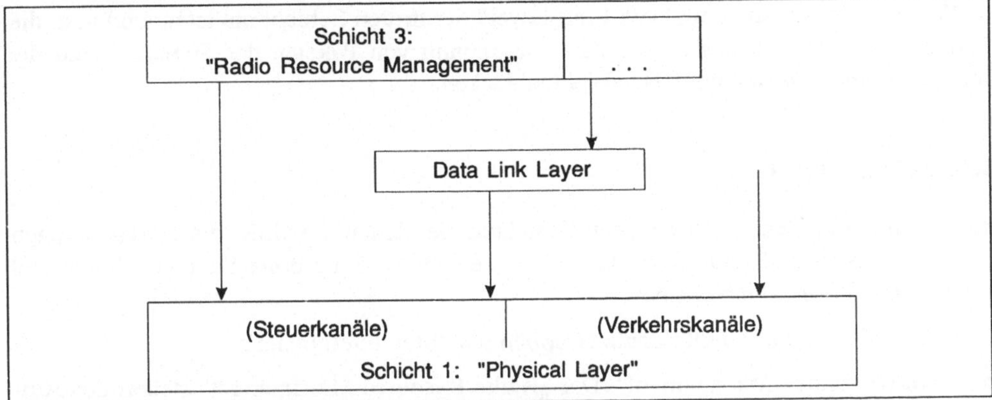

Bild 3.10   Schnittstellen der Schicht 1 („Physical Layer")

- Fehlererkennungs- und Fehlerkorrekturmechanismen. Fehlerhafte Blöcke werden nicht an die Schicht 2 weitergeleitet. Im Gegensatz dazu sieht das OSI-Referenzmodell solche Dienste in Schicht 2 vor.
- Verschlüsselung des Datenstroms

Schicht 2: „Data Link Layer"

Die Zugriffsprozeduren auf Steuerkanäle der Schicht 2 werden in Anlehnung an das ISDN als „LAP Dm" bezeichnet. Entsprechend wird in den Standards der Begriff „Dm-Kanal" als Oberbegriff für alle Steuerkanäle verwendet.

Der „Data Link Layer" besitzt folgende Aufgaben:

- Multiplexen von einer oder mehrerer Schicht 2-Verbindungen auf Steuerkanälen.
- Reihenfolgekontrolle von empfangenen Nachrichtenblöcken
- Fehlererkennung von Format- und Laufzeitfehlern
- Benachrichtigung der Schicht 3 bei unbehebbaren Fehlern
- Datenflußsteuerung
- Kollisionsauflösung und Aufbau von Verbindungen auf dem „Random Access Channel"

Verbindungen der Schicht zwei werden in zwei Klassen eingeteilt. Diese umfassen einmal unquittierte Nachrichtenübertragung und zum anderen einen quittierten Nachrichtendienst. Im unquittierten Nachrichtendienst ist kein Aufsetzen nach Fehlerfällen durch die Schicht zwei und keine Flußsteuerung möglich.

Diese Leistungsmerkmale werden durch den quittierten Übertragungsdienst ermöglicht.

Weitere Dienste, die der „Data Link Layer" der dritten Schicht anbietet, sind u. a. die Bildung von Prioritätsklassen bei der Übertragung von Paketen der Schicht 3 und die Segmentierung von zu langen Nachrichtenblöcken.

Schicht 3: „Layer 3"

Im Gegensatz zu den unteren beiden Schichten, bei denen die GSM die Bezeichnungen „Physical Layer" und „Data Link Layer" verwendet, wird die dritte Schicht schlicht und einfach mit „Layer 3" bezeichnet.

Der „Layer 3" wird in 5 funktionale Gruppen wie folgt untergliedert:

- „Radio Resource Management": Das „Radio Resource Management" steuert den Auf- und Abbau, bzw. den Betrieb von Steuerverbindungen über die Funkschnittstelle.

- „Mobility Management": Diese funktionale Gruppe steuert die Authentisierungsfunktionen und die Funktionen, die das Netz benötigt, um die mobilen Teilnehmer zu erreichen. Dies sind z.B. Funktionen zum Aktualisieren der Fremd- und Heimatdateien.

- „Call Control": Verbindungsaufbau und -abbau durchgeschalteter Nutzkanäle.

- „Supplementary Services Support": Wie in Abschnitt 3.3.2 beschrieben, versteht man unter „Supplementary Services" Leistungsmerkmale, die den Teilnehmern zusätzlich zu den Basistelekommunikationsdiensten angeboten werden. Als Beispiele seien Rufumleitung, Konferenzschaltungen und Anzeige des rufenden Teilnehmers genannt. Dieser funktionalen Gruppe sind die Funktionen, die die unterstützenden Leistungsmerkmale benötigen, zugeordnet.

- „Short Message Service Support": Die GSM sieht Kurznachrichtendienste vor. Diese werden über Steuerkanäle übertragen. Diese funktionale Gruppe umfaßt Funktionen, die Kurznachrichtendienste unterstützen.

3.5 Vorhergesagte Entwicklungen in der BRD

Wie aus der Tabelle in Bild 3.11 entnommen werden kann, nutzten in der Bundesrepublik Deutschland (alte Bundesländer) im März 1990 über 182.000 Teilnehmer den Mobiltelefondienst. Diese setzen sich aus Teilnehmern des B- und C- Netzes zusammen. Diese Zahl sieht auf den ersten Blick recht imposant aus, sie relativiert sich jedoch, wenn man sie in Bezug zur Bevölkerungszahl setzt. So lag 1990 der Schnitt in der BRD bei nur 2,95 Mobilfunkteilnehmern bezogen auf tausend Bürger.

Dieses Verhältnis ist z.B. in den Skandinavischen Ländern ungleich höher (Norwegen: 43,08; Schweden: 45,37; Finnland: 36,11). Die große Beliebtheit des Mobilfunks in diesen Ländern läßt sich aus den günstigen Tarifen und vor allem auch mit den dortigen geographischen Gegebenheiten begründen.

Land:	Teilnehmer (März 1990):	Bevölkerung (Mio):	Teilnehmer/ Bev. in Tsd.:
Großbritannien	975000	56,60	17,23
Schweden	381100	8,40	45,37
Frankreich	206110	55,50	3,71
Deutschland	182970	62,00	2,95
Norwegen	180930	4,20	43,08
Finnland	173320	4,80	36,11
Dänemark	129810	5,20	24,96
Italien	84700	57,20	1,48
Schweiz	84400	6,60	12,79
Niederlande	59750	14,50	4,12
Österreich	54100	7,60	7,12
Spanien	35090	38,20	0,92
Belgien	34390	9,60	3,47

Bild 3.11   Marktdurchdringung zellularer Mobilfunknetze in europäischen Ländern.
Quelle: DBP Telekom; die Zahlen für die BRD beziehen sich auf die alten Bundesländer.

Dies ist jedoch in Großbritannien nicht mehr der Fall. Dort führt eine unkonventionelle Marketingstrategie zum Erfolg. Die Endgeräte für dortige Mobilfunkanwendungen werden sehr günstig mit Hilfe von Subventionen der Netzbetreiber verkauft.

Während in Deutschland die Preise für Gebühren und Endgeräte im B- bzw. C-Netz noch relativ hoch sind, rechnet man in Zukunft mit stark fallenden Kosten und entsprechend steigenden Teilnehmerzahlen. Dies gilt insbesondere für das D-Netz nach dessen Einführung.

Dabei plant die DBP Telekom, das B1/B2-Netz bis zum Jahre 1994 weiterzubetreiben. Weiterhin wird damit gerechnet, daß voraussichtlich 1993 die Endkapazität des C-Netzes von 800.000 Teilnehmern erreicht sein wird, so daß sich auch aus diesem Grund ein Übergang zum D-Netz ergeben wird.

Die GSM-Standards für die D-Netze beschreiben neben der Systemarchitektur vor allem die Schnittstellen zwischen den Systemkomponenten. Der interne Aufbau der einzelnen Komponenten bleibt den Herstellern überlassen. Dieses und die Tatsache, daß mehrere Betreiber eigene Netze aufbauen, bilden günstige Voraussetzungen für einen internationalen Wettbewerb. Die Konstellationen zwischen Herstellerfirmen, Netzbetreibern und Diensteanbietern und der Wettbewerb auf allen drei Ebenen lassen neben günstigen Preisen eine große Anzahl von Kommunikationsdiensten erwarten.

Ein Beispiel eines solchen Dienstes ist die Kombination von „Voice Mail", „Funkruf" und Mobiltelefon. Eine solche Kombination erlaubt es dem Teilnehmer beim Funktelefondienst mit Hilfe des integrierten Funkrufempfängers zu erkennen, daß ein Anruf eingetroffen ist, während das Funktelefon nicht empfangsbereit war. Dies ist z.B. der Fall, wenn das Funktelefon nicht eingeschaltet war oder sich in einem Funkschatten z.B. in einer Tiefgarage befand.

Dem rufenden Teilnehmer wird durch den Dienst „Voice Mail" die Möglichkeit gegeben, eine verbale Nachricht in einen elektronischen Speicher (elektronisches Postfach) zu sprechen. Diese Nachricht kann dann vom mobilen Teilnehmer bei Bedarf abgerufen werden.

Dies ist nur ein Beispiel für neue mobile Kommunikationsdienste. Die oben beschriebene Wettbewerbssituation läßt eine Vielzahl von neuen Leistungsmerkmalen und Diensten im Bereich des Mobiltelefons erwarten.

Unbestritten ist jedoch die These, daß auch in Zukunft der Dienst „Übertragung von Sprache" die weitaus größte Anwendung sein wird. So wird in Prognosen den Diensten, die auf eine Übertragung von Daten abzielen, in der Regel nicht mehr als 10% am Gesamtverkehrsaufkommen eingeräumt.

4 Funkrufdienste („Paging")

In vielen Situationen des täglichen Lebens und insbesondere in Notfällen ist es von höchster Wichtigkeit, bestimmte Personen schnell erreichen zu können. Dabei genügt es in der Regel, diesen Personen ein Signal, dessen Bedeutung vorher abgesprochen wurde, zukommen zu lassen.

Das herkömmliche, nichtmobile Telefonnetz kann eine solche Funktion nur sehr beschränkt bieten, da Verbindungen nur zum Teilnehmerendgerät aufgebaut werden. Ist die gesuchte Person nicht am Platze, so wird er oder sie nicht erreicht.

Mobiltelefonsysteme ermöglichen zwar, daß eine Verbindung zum mobilen Teilnehmer aufgebaut werden kann, jedoch ist das mobile Endgerät dieser Dienste noch immer zu groß und zu schwer, um es ständig bei sich zu tragen.

Funkrufsysteme ermöglichen die Übertragung von einzelnen Signalen, bzw. kurzen Nachrichten an die gesuchte Person. Diese muß ein empfangsbereites Endgerät mit sich tragen. Das Endgerät kann empfangen, jedoch nicht senden und kann daher klein und leicht sein.

In früheren Zeiten versuchte man oben angesprochenen Nachteil des klassischen, nichtmobilen Telefons zu umgehen, indem man ein Zwischenmedium einsetzte, um den gerufenen Teilnehmer über einen ankommenden Gesprächswunsch zu informieren. So wurden in den Hotels zu diesem Zweck Pagen, die eine entsprechende Notiz auf einer Tafel trugen, durch die Hotelhallen geschickt.

Seit den späten fünfziger Jahren setzte man in Betrieben als Zwischenmedium Funk ein. In diesen drahtlosen Personensuchanlagen wird dem gerufenen Teilnehmer ein Signal übermittelt. Dieser führt dann eine vorher abgesprochene Aktion, z.B. Anruf einer bestimmten Nummer, aus.

Solche Dienste, die dem Benutzer ein Signal übermitteln, nennt man „Funkrufdienste" oder „Paging". Der Begriff „Paging" entstand in Anlehnung an den Hotelpagen.

Im modernen Mobilfunk werden mehrere Funkrufdienste eingesetzt. Dabei wird zwischen privaten und öffentlichen Funkrufdiensten unterschieden. In den folgenden Abschnitten werden die öffentlichen Dienste näher beschrieben.

4.1 Öffentliche Funkrufdienste in der BRD

In der Bundesrepublik Deutschland werden zur Zeit die beiden öffentlichen Funkrufdienste „Eurosignal" und „Cityruf" betrieben. Innerhalb des Cityrufs werden neben dem
eigentlichen Funkrufdienst zwei erweiterte Dienste mit den Bezeichnungen „Euromessage" und „Inforuf" angeboten bzw. in Kürze angeboten werden.

4.1.1 Eurosignal

Der erste öffentliche Funkrufdienst wurde in der BRD unter dem Namen „Eurosignal"
im Jahre 1974 eingeführt.

Für diesen Dienst wurde eine flächendeckende Versorgung angestrebt. Dies gilt aber
nur mit der Einschränkung, daß eine entsprechende Empfangsantenne zur Verfügung
steht. Dabei wurde der Gewinn einer Autoantenne zugrunde gelegt. Ohne eine solche
Antenne ist der Empfang nur in Sendernähe gewährleistet. Mit einer solchen Antenne
ergibt sich jedoch mittlerweile eine Erreichbarkeit auf einer Fläche von über 95% in den
alten Bundesländern der BRD.

Bei „Eurosignal" ist eine „Nur-Ton"-Signalisierung möglich. D.h. der Benutzer wird
durch ein akustisches bzw. optisches Signal alarmiert. Eine Übertragung weiterer Informationen erfolgt nicht. Allerdings können jedem Empfänger bis zu vier Funkrufnum-
mern zugeordnet werden. Der gerufene Teilnehmer kann die jeweilige gerufene Funkruf-
nummer anhand des akkustischen bzw. optischen Signals unterscheiden.

Obwohl die Gesamtkapazität des Systems der BRD 300.000 Teilnehmer beträgt, be-
nutzten 1990 nur rund 200.000 Teilnehmer ([Roh 90a]) das deutsche „Eurosignal". Die
Entwicklung der Teilnehmerzahlen war zwar kontinuierlich steigend, doch verlief sie an-
fangs nur sehr zögerlich. Als Gründe hierfür sind die zu Beginn des Dienstes doch relativ
hohen Gebühren und die nicht billigen Endgeräte zu nennen. So muß man beim Kauf
eines Endgerätes heute zwischen 1200 und 2000 DM rechnen.

Neben der BRD wird auch in Frankreich und in der Schweiz ein System mit gleichem
Aufbau eingesetzt. In Frankreich nahmen 1990 rund 70.000 Teilnehmer, in der Schweiz
rund 20.000 Teilnehmer an diesem Dienst teil.

Die Fläche der Bundesrepublik wurde für „Eurosignal" in drei Rufzonen („Funk-
rufbereich Nord", „Funkrufbereich Mitte" bzw. „Funkrufbereich Süd") aufgeteilt. Ein
Funkruf wird von allen Sendern einer Rufzone gleichzeitig und phasengleich ausgesandt.
Jeder Teilnehmer ist einer Rufzone zugeordnet.

Besondere Leistungsmerkmale von „Eurosignal" sind:

- Auftragsdienst: Telefonkunden können über „Eurosignal" durch den Auftragsdienst
  der DBP Telekom ausgerufen werden und dort eine Nachricht abrufen.

- Anrufbeantworter: Es sind Anrufbeantworter erhältlich, die, wenn ein Anruf eingegangen ist, automatisch einen Funkruf über „Eurosignal" initiieren. Die vom Anruf-

beantworter aufgezeichnete Nachricht kann dann z.B. über das Telefonnetz abgerufen werden.

- Sprachbox der DBP Telekom: Ein rufender Teilnehmer spricht eine Nachricht, die in der Sprachbox aufgezeichnet wird. Nach Alarmierung des gerufenen Teilnehmers über „Eurosignal" kann dieser die Nachricht abrufen.

4.1.2 Cityruf

Im März 1989 wurde auf der CeBit '89 von der DBP Telekom ein neuer Funkrufdienst mit dem Namen „Cityruf" eröffnet. Zuvor war dieser neue Dienst bereits ein halbes Jahr lang im Probebetrieb in Frankfurt und Berlin getestet worden.

Während bei dem älteren Pagingdienst „Eurosignal" nur ein Alarmieren des Teilnehmers („Nur-Ton") möglich ist, bietet Cityruf als weitere Leistungsmerkmale die Übertragung von 15 Ziffern oder von 80 alphanumerischen Zeichen. Diese Leistungsmerkmale werden als Rufklasse 0 („Nur-Ton"), Rufklasse 1 (nur numerische Zeichen) bzw. als Rufklasse 2 (alphanumerische Zeichen) bezeichnet.

Ein Teilnehmer legt sich bei der Anmeldung dieses Dienstes bzw. beim Kauf des entsprechenden Endgerätes fest, welche Rufklasse er einsetzt. Dies ist notwendig, da sich sowohl die Endgeräte als auch die Vermittlung der Rufe unterschiedlicher Rufklassen unterscheiden. So werden für den Zugang zu diesem Dienst unterschiedliche Zugangsnummern für jede Rufklasse verwendet. Bei ersterer Klasse können einem Endgerät bis zu vier Rufnummern zugeordnet werden, bei den anderen jeweils drei Rufnummern.

Eine Flächendeckung wird beim Funkrufdienst „Cityruf", wie der Name schon andeutet, nicht angestrebt. Dieser Dienst soll und wird auf die größeren Stadtgebiete beschränkt bleiben.

Es ist geplant, 45 Rufzonen zu versorgen. Dabei besitzt eine Rufzone einen Durchmesser von rund 70 Kilometer. Die maximale Anzahl von Rufnummern, die das System adressieren kann, beträgt 2 Millionen.

Als Rufarten werden

- Einzelruf,
- Gruppenruf,
- Sammelruf und
- Zielruf.

unterschieden. Beim Gruppenruf werden alle Empfänger mit gleicher Identifikationsnummer angesprochen. Ein Sammelruf alarmiert bis zu 20 Empfänger mit unterschiedlicher Identifizierung. Beim Zielruf bestimmt der rufende Teilnehmer die Rufzone, in der der Ruf ausgestrahlt wird.

Die Sendeanlagen von Cityruf sind derart ausgelegt, daß ein Empfang innerhalb von Gebäuden bei einer Tragweise des Empfängers am Körper ohne Zusatzantenne gewährleistet ist. Eine Rufzone umfaßt das Gebiet, in dem ein derartiger Empfang garantiert ist.

Beim Einsatz einer geeigneten Antenne z.B. einer Autoantenne erweitert sich die Erreichbarkeit entsprechend.

Die Empfänger des „Cityrufdienstes" weisen stark verbesserte Merkmale gegenüber den Empfängern des „Eurosignaldienstes" auf. Sie sind kleiner, billiger, besitzen Speichermöglichkeiten für empfangene Zeichen (z.B. 80 x 40 alphanumerische Zeichen) und haben einen geringeren Stromverbrauch. Diese Leistungssteigerung läßt sich unter anderem auf die Verwendung des international anerkannten „POCSAG"-Standards (s. [Gab 90] , [POC 78]) und den daraus resultierenden großen Stückzahlen bei Systemkomponenten und Endgeräten der auf dem Weltmarkt operierenden Firmen zurückführen.

Aufträge für den Cityruf werden über die öffentlichen Kommunikationsdienste Telefon, Telex, Teletex und Bildschirmtext eingegeben. Dabei wird die jeweilige Rufklasse unterschieden. Der Zugang zu diesem Dienst wird dem rufenden Teilnehmer durch eine interaktive Benutzerführung erleichtert. Eine beispielhafte Beschreibung eines Auftragsvorgangs kann in [Ehn 89] nachgelesen werden.

4.1.3 Euromessage

Am 24.9.1989 unterzeichneten die Staaten BRD, Frankreich, Italien und England ein „Memorandum of Understanding" bezüglich ihrer Pagingdienste „Cityruf" (BRD), „Alphapage" (Frankreich), „Teledrin" (Italien) und „Euromessage" (Großbritannien). Darin vereinbarten sie, diese Funkrufdienste zu vernetzen. Die Teilnehmer dieser Netze werden damit in allen Rufzonen dieser Länder erreichbar.

Dieser neue Dienst wird als „Euromessage" bezeichnet. Er wurde von der „DBP Telekom" auf der CeBit '90 eröffnet und wird als Dienstleistung innerhalb von „Cityruf" angeboten. Daher bietet er den Teilnehmern den gleichen Leistungsumfang wie „Cityruf" mit der erweiterten internationalen Erreichbarkeit der Teilnehmer [Roh 90b].

Fährt ein Teilnehmer dieses Dienstes ins Ausland und möchte dort gerufen werden, so muß er den Dienstbetreiber informieren. Dabei muß sowohl die Rufzone, in der er sich aufhalten wird, als auch der Zeitraum, während dessen er dort erreichbar ist, angegeben werden. Danach werden während dieser Zeit alle kommenden Nachrichten in die entsprechende Rufzone umgelenkt.

4.1.4 Inforuf

„Inforuf" wird ähnlich wie „Euromessage" eine Dienstleistung im Rahmen des Funkrufdienstes „Cityruf" bilden. Den Teilnehmern von „Inforuf" werden Informationen z.B. über Börsenstände, Sportnachrichten, Wetterdienste, etc. übertragen. Diese Informationen stehen den Teilnehmern zur Verfügung, die einen dieser Dienste (z.B. den Börsendienst) angemeldet haben. Diese bilden innerhalb von „Inforuf" geschlossene Benutzergruppen.

Die in „Inforuf" verwendeten Empfänger werden ein Speichervolumen von 80.000 Zeichen besitzen. Dies ist notwendig, da nur in Zeiten mit niedrigem Verkehrsaufkommen die Grundinformationen gesendet werden. In verkehrsstarken Zeiten werden dann nur die geänderten Werte übertragen und die gespeicherte Grundinformation modifiziert. Dieses Vorgehen führt zu einer besseren Ausnutzung der zur Verfügung stehenden Frequenzen.

Bei der Einführung von „Inforuf" werden zuerst Börseninformationen übertragen.

4.1.5 Technische Details der Funkrufdienste der BRD

In diesem Abschnitt wird auf die technische Realisierung der Funkrufdienste näher eingegangen.

Für den „Cityruf" mit den integrierten Diensten „Euromessage" und „Inforuf" stehen drei Frequenzen zur Verfügung. Diese werden des weiteren mit $f_1 \ldots f_3$ bezeichnet [Unh 90].

Dabei gilt:

- f_1 = 465,970 MHz
- f_2 = 466,075 MHz
- f_3 = 466,230 MHz

Die Übertragungsrate beträgt bei f_1 512 Bit/s. Bei den anderen Frequenzen werden jeweils 1200 Bit/s übertragen ([FTZ 89], [Roh 90b]).

Die Frequenz f_1 wird für den „Cityrufdienst", f_2 für „Euromessage" und „Cityruf" und f_3 für den „Inforuf" eingesetzt.

Die digitalen Signale werden mit DFSK moduliert.

Die drei Frequenzen werden in einer Sendezone nicht gleichzeitig, sondern zeitlich versetzt, zyklisch ausgesendet. Dabei wird derart verfahren, daß in angrenzenden Sendezonen nie gleichzeitig die gleiche Frequenz gesendet wird. Dieses Verfahren ist in Bild 4.1 noch einmal anschaulich dargestellt.

Die Zeitdauer, währenddessen auf einer Frequenz gesendet wird (Zeitschlitz), kann nach [FoW 90] dem Verkehrsaufkommen angepaßt werden. [Unh 90] gibt für einen Zeitschlitz einen praktikablen Wert von 28 Sekunden an, so daß ein Gesamtzyklus in diesem Fall 84 Sekunden umfaßt.

Die Vorteile eines solchen Vorgehens ergeben sich aus der Entkopplung benachbarter Sendezonen und aus der Tatsache, daß sich ein Empfänger nur dann aktivieren muß, wenn seine Frequenz gesendet wird. Ansonsten verbleibt er in einem batteriesparenden Ruhemodus. In einen solchen Ruhemodus schaltet sich ein Empfänger auch dann, wenn er erkennt, daß ein Funkruf nicht an ihn gerichtet ist.

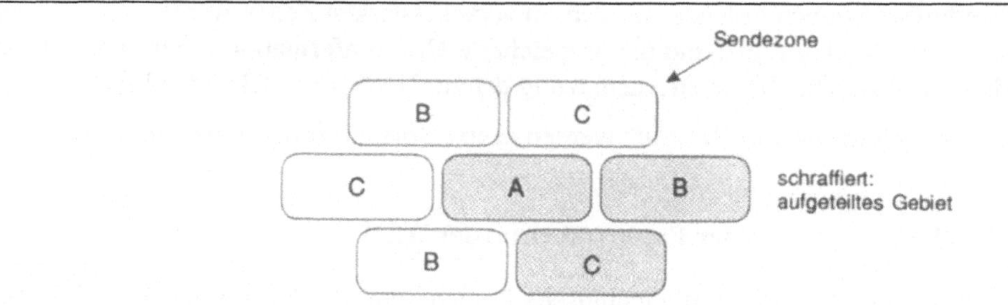

Ein zu versorgender Sendebereich wird in Gebiete unterteilt. Diese werden wiederum in Teilbereiche (Sendezonen) untergliedert. Diese Teilbereiche werden „A", „B", „C", genannt. In den Teilbereichen werden nun zyklisch die Frequenzen „f1", „f2" und „f3" derart gesendet, daß in angrenzenden Teilgebieten zu keinem Zeitpunkt gleiche Frequenzen ausgesandt werden.

Das folgende Diagramm veranschaulicht diesen Sachverhalt.

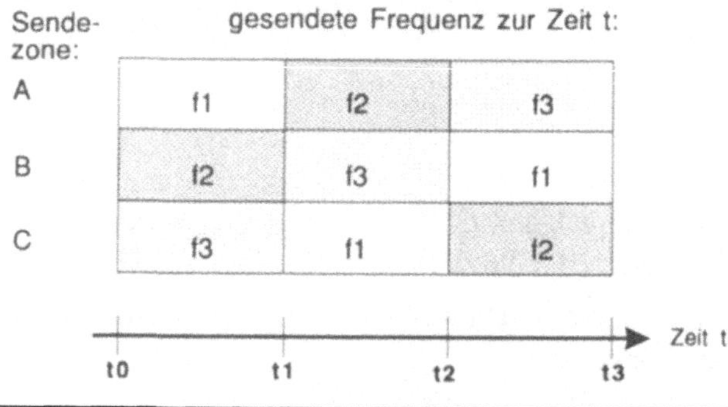

Bild 4.1 Funknetzorganisation nach dem POCSAG-Standard. In jeder Sendezone wird zu jedem Zeitpunkt nur eine der drei Frequenzen gesendet. Dabei werden die Frequenzen zyklisch wiederholt.

4.2 Zukünftige Konzepte

Innerhalb des „ETSI" wird ein paneuropäischer Pagingdienst unter dem Namen „ERMES" („European Radio Messaging System") standardisiert.

Die Entwicklung von „ERMES" wurde 1986 von der „CEPT" aufgenommen und 1989 auf ETSI übertragen.

„ERMES" bietet seinen Teilnehmern folgende Basisdienstleistungen. Ein Basisdienst muß von jedem Betreiber angeboten werden.

- „Nur-Ton-Ruf'; dabei können jedem Empfänger bis zu acht verschiedene Rufnummern zugeordnet werden.

- Numerische Empfänger mit einer Anzeige von mindestens 20 Ziffern

- Alphanumerischer Empfänger mit minimal 400 Zeichen und maximal 9142 Zeichen Speicherkapazität.
- transparente Datenübertragung mit 64 kbit/s
- „Roaming": Das Netz erkennt in welcher Rufzone sich ein Teilnehmer befindet.

Daneben definiert „ERMES" noch eine Reihe weiterer Dienstleistungen. Diese sind optional, d.h. sie können, müssen aber nicht von einem Betreiber angeboten werden.

- Rufumleitung auf einen anderen Empfänger
- Rufwiederholung, wenn dies gewünscht wird
- Zielruf, bestimmt durch den Rufenden
- Rufe unterschiedlicher Prioritätsstufen
- Numerierung der Nachrichten. Hat ein Empfänger eine bzw. mehrere Nachrichten nicht empfangen, so erkennt er dies an der Folgenummer.
- Auf Wunsch des empfangenden Teilnehmers können kommende Nachrichten gespeichert und zu einem späteren Zeitpunkt ausgesandt werden.
- Der rufende Teilnehmer kann einen Zeitpunkt angeben, zu dem die Nachricht ausgesandt wird.
- Gruppenruf, Sammelruf
- Verschlüsselung der Nachrichten
- Anzeige von Dringlichkeitsstufen

Der Frequenzbereich, in dem „ERMES" ausgestrahlt wird, liegt zwischen 169,4 und 169,8 MHz.

5 Telepoint

Eine der zukünftigen, öffentlichen Anwendungen der schnurlosen Telefone (s. Kap. 2.3) sind die schnurlosen Telefonzellen, auch Telepoints genannt. Bei Telepoints handelt es sich um Basisstationen, welche an öffentlichen, stark frequentierten Stellen wie etwa an großen Plätzen, Fußgängerzonen, Bahnhöfen, Flughäfen, Einkaufszentren, Autobahnraststätten usw. installiert werden. Der Besitzer eines geeigneten Handapparates kann im Umkreis von 200 Metern eines solchen Telepoints eine Verbindung ins öffentliche Telefonnetz aufbauen, aber selbst nicht angerufen werden.

Eine Telepoint-Basisstation benötigt den Zugriff auf eine Datenbank, um die Berechtigung der Telepoint-Benutzer zu überprüfen, sowie um die Gesprächsgebühren zu erfassen. Dieser Zugriff erfolgt üblicherweise über das öffentliche Telefonnetz.

Im Gegensatz zum GSM-System baut der Telepoint-Dienst ausschließlich auf dem bestehenden, heute noch überwiegend analogen Telefonnetz und einfachen schnurlosen Handapparaten auf. Mit dieser einfachen Infrastruktur können den Nutzern Gesprächsgebühren angeboten werden, die nur unwesentlich über den normalen Telefongebühren liegen. Um nicht in Konkurrenz zum teureren C- oder D-Netz zu treten, erlauben die Telepoint-Konzepte nur abgehende Gespräche. Einige Endgerätehersteller haben allerdings angekündigt, diesen Nachteil durch die Integration eines Funkrufempfängers in den Handapparat zu mindern.

Dafür wird dem Benutzer das Telefonieren in der Öffentlichkeit wesentlich erleichtert. Einerseits benötigt er wie beim Kartentelefon kein Kleingeld mehr, andererseits muß er keine Telefonzelle mehr aufsuchen, sondern er kann sich in der Umgebung der Telepoints einen geeigneten Standort, z.B. sein Auto aussuchen.

Die Netzbetreiber erwarten andererseits einen im Vergleich zu den Münztelefonen wesentlich kleineren Unterhaltsaufwand. Des weiteren werden durch diesen neuen attraktiven Dienst mehr Verkehrsaufkommen und damit höhere Gebühreneinnahmen erhofft.

Einer der Nachteile für den Netzbetreiber werden die – ähnlich wie beim Kartentelefon – hohen Initialkosten sein. Der Telepoint-Dienst wird nur dann erfolgreich sein, wenn an genügend vielen Stellen Basisstationen errichtet sind. Ein Nachteil für den Benutzer und den Dienstanbieter ist der im Vergleich zum Münztelefon zusätzliche administrative Aufwand. Der Benutzer muß zudem einen geeigneten Handapparat erwerben und diesen auch mit sich führen.

Neuere Konzepte wie das paneuropäische System „Digital European Cordless Telecommunications" (DECT, siehe Kap. 2.3 und Kap. 7), das von der „ETSI" standardisiert wird, sehen vor, den individuellen Handapparat eines Benutzers sowohl im Heimbereich als schnurloses Telefon als auch im Bürobereich und in der Öffentlichkeit in Telepointanwendungen zu verwenden.

5.1 Entstehungsgeschichte

Die Telepoint-Idee entstand aus dem Bestreben der Industrie, die Verbreitung schnurloser Telefone zu erhöhen und diese damit zu einem Produkt der Konsumelektronik weiter zu entwickeln. Dazu muß das Produkt den Kundenanforderungen in Bezug auf Preis, Gewicht, Abmessungen, Zuverlässigkeit und Funktionsmerkmalen entsprechen. Auf der anderen Seite muß der Anwendungsbereich schnurloser Telefone erweitert werden, wobei der Kunde nur einen Handapparat für alle unten aufgeführten Anwendungsgebiete haben möchte.

Die drei Hauptanwendungsbereiche sind:

- die schon realisierte, aber für ein Konsumprodukt bisher zu teure Heimanwendung;
- der Einsatz in drahtlosen Telekommunikationsanlagen, überwiegend im geschäftlichen Bereich, wo dann zumindest ein Teil der festverdrahteten Telefone durch schnurlose ersetzt wird;
- die sogenannte Telepoint-Anwendung, d.h. die Nutzung der Handapparate an Basisstationen, die an öffentlichen Standorten errichtet sind.

Initiiert wurde die Telepoint-Idee in Großbritannien Mitte der achtziger Jahre, zunächst mit dem Ziel einen eigenen Standard für schnurlose Telefone zu schaffen. Ein neuer Standard wurde deshalb notwendig, weil erstens die CT0-Importgeräte nicht mehr den Anforderungen entsprachen und weil zweitens die CT1-Geräte nicht betrieben werden durften (siehe Kap. 2.3).

Unter diesen Randbedingungen entschlossen sich einige britische Hersteller, die CT2-Geräte [MPT 1334] zu entwickeln. Im Gegensatz zur CT1-Empfehlung der CEPT wird die Sprache digital mit dem FDMA/TDD-Verfahren übertragen. Weil die damals auf dem britischen Markt angebotenen Endgeräte untereinander nicht kompatibel waren, wurde 1989 unter der Regie des britischen Handels- und Industrieministeriums (DTI) [13] mit Beteiligung der Industrie eine gemeinsame Luftschnittstelle, die sogenannte *Commom Air Interface Specification* (CAI, [MPT 1375]) erstellt.

In Großbritannien wurden im Januar 1989 an folgende internationale Konsortien Telepoint-Lizenzen erteilt:

- Phonepoint
  - British Telecom Mobile Communications
  - DBP Telekom Ltd
  - France Telecom
  - STC
  - Nynex Mobile Communications Company

---

[13] United Kingdom Department of Trade and Industry

- Ferranti Creditphone Ltd (früher Zonephone)
  - Ferranti International Signal plc
- Mercury Callpoint Ltd
  - Mercury Communications Ltd
  - Motorola Ltd
  - Shaye Communications Ltd
- BYPS (Rabbit)
  - Shell
  - Philips
  - Barclays Bank

Die Konsortien Mercury Callpoint und BYPS sind zum 1. 1. 1991 in ein Unternehmen überführt worden.

5.2 Realisierungskonzept der DBP Telekom

Die DBP Telekom hat laut [Küh 90] erst Ende 1989 erste Überlegungen zu einem künftigen Telepoint-Dienst angestellt. Aus Sicht des Dienstanbieters hat die DBP Telekom folgende Anforderungen an das System:

- möglichst geringe Investitionskosten bei den Telepoint-Basisstationen;
- möglichst geringe Investitionen für ein Betriebs- und Abrechnungssystem;
- niedrige Planungs- und Betriebskosten;
- preisgünstige Endgeräte;
- technische Abgrenzung zu anderen Diensten;
- schnelle Realisierung des Dienstes.

Obwohl die DBP Telekom zwei Betriebsversuche mit den unterschiedlichen Technologien CT1+ und CT2 startete, wird von ihr eindeutig die CT2-Technologie favorisiert. Erstens ist die DBP Telekom in Großbritannien am Phonepoint-Konsortium beteiligt und zweitens gehört sie zu den Mitunterzeichnern eines *Memorandum of Understanding* mit weiteren europäischen Netzbetreibern. In dieser Erklärung bekunden die Postgesellschaften von Belgien, Deutschland, Finnland, Frankreich, Großbritannien, Italien, Niederlande, Portugal und Spanien bis Ende 1992 eine Telepoint-Infrastruktur mit CT2-Technologie und der gemeinsamen Luftschnittstelle CAI zu realisieren. Außerdem streben die Unterzeichner an, den britischen CT2-Standard als Interim-ETSI-Standard zu etablieren.

Unabhängig von der Diskussion welche der CT-Technologien (CT1+, CT2 oder DECT) sich letztendlich durchsetzen wird, wird die Systemarchitektur aus folgenden drei Komponenten bestehen:

- Den öffentlichen Basisstationen,

- einem Betriebs- und Abrechnungssystem und

- den schnurlosen Handapparaten.

Die Basisstation muß folgende Aufgaben übernehmen:

- Schnittstelle zum drahtgebundenen Fernsprechnetz;

- Bereitstellung der Funkstrecke zum Mobilteil und Durchschaltung eines Gesprächs
  ins Festnetz.

Die Aufgaben des Betriebs- und Abrechnungsteils sind:

- Identifizierung und Authentisierung des Mobilteils und Dienstnutzers;

- Speicherung der Gesprächsdaten;

- Zuordnung der Gesprächsdaten zum Telepoint-Nutzer und Aufbereitung der Daten
  zur Rechnungserstellung und

- Betriebsüberwachung der Basisstationen.

Als Betriebs- und Abrechnungssystem soll das im Aufbau befindliche System zur Fern-
überwachung, Fehlerdiagnose und Abrechnung öffentlicher Münz- und Kartentelefonzel-
len (ÖKom) eingesetzt werden. Der prinzipielle Aufbau des sogenannten ÖKom-Systems
ist in Bild 5.1 dargestellt.

Beim ÖKom-System [DBP 89] können derzeit an eine sog. Anschalteeinheit für
Kommunikationseinrichtungen (AEK) bis zu 172 Endgeräte angeschloßen werden. Endgeräte können Telepoint-Basisstationen, Karten- oder Münztelefone sein. Die AEKs sind
in den Ortsvermittlungsstellen aufgebaut. Die Anschalteeinheiten müssen neben ihrer
Konzentratorfunktion bezüglich der Datenkommunikation zwischen Endgerät und dem
Betriebs- und Abrechnungssystem auch die Weichenfunktion zwischen der Fernsprech-
verbindung und der systemeigenen Datenverarbeitung wahrnehmen. Weiterhin müssen
die AEKs die Gebühren- und Benutzerdaten zwischenspeichern, eine Sperrdatei verwalten und die Identität des Nutzers überprüfen. In der Sperrdatei werden beispielsweise
die Abrechnungsnummern gestohlener Karten abgespeichert, um Mißbrauch zu ver-
hindern.

Die bei einem Gespräch angefallenen Daten werden derzeit noch über Datex-L, später über das billigere Datex-P-Netz an die zentralen Rechner übermittelt. Mit diesen
Rechnern werden die Kundendaten verwaltet und die Gesprächsgebühren verarbeitet.
Die angefallenen Gebühren wiederum werden an die entsprechenden Rechner zur Erstel-
lung der Fermelderechnung geschickt.

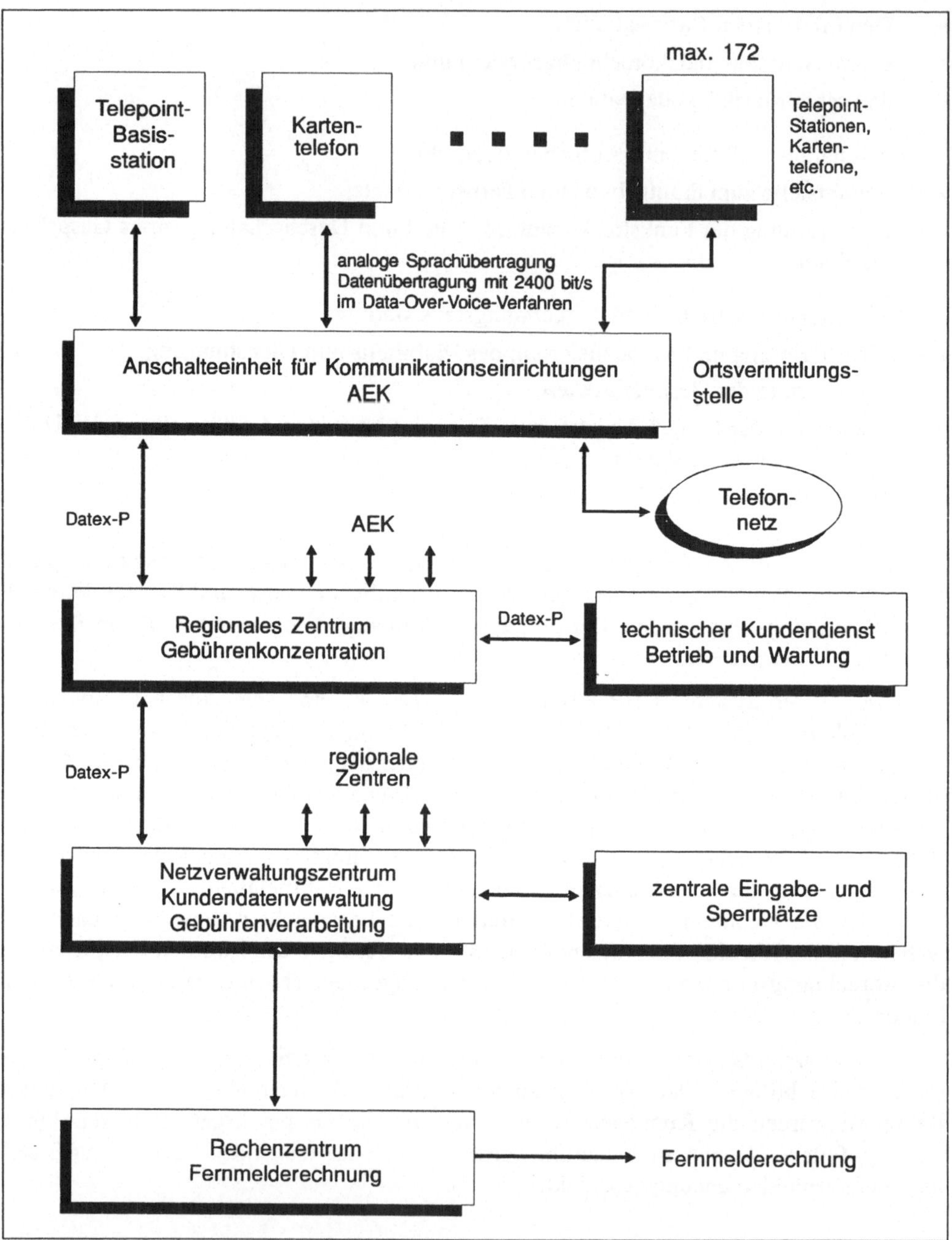

Bild 5.1 Prinzipieller Aufbau des ÖKom-Systems

5.3 Telepoint-Standards

In den folgenden beiden Abschnitten werden die den Telepointsystemen zugrundeliegenden Standards und zukünftige Entwicklungen im Detail beschrieben.

CT2- und CAI-Telepoint-Standards in Großbritannien

Wie in Kapitel 2.3 schon kurz angedeutet wurde, ist die CT2-Technologie und die gemeinsame Luftschnittstelle CAI unter der Koordination des DTI in Großbritannien entstanden. Dabei wurden folgende Forderungen aufgestellt: Die CT2-Technologie soll in Zukunft die Nachfrage eines Massenmarktes nach schnurlosen Telefonen erfüllen können. Zusätzlich sollen die Übertragungsqualität von Sprache und Aspekte der Sicherheit gegenüber der bisherigen Technik deutlich verbessert werden. Außerdem soll der Handapparat auch für neue Dienste, wie z.B. Telepoint, geeignet sein. Die Grundvoraussetzung dafür war, daß sich alle Betreiber und Hersteller auf eine gemeinsame Luftschnittstelle einigen. Hieraus ist unter der Regie des britischen DTI der sogenannte *Common Air Interface (CAI)* Standard [MPT 1375, Cal 90] entstanden.

Der CAI-Standard ist so flexibel ausgelegt, daß der gleiche Handapparat für Geschäfts-, Heim- und öffentliche Anschlüsse verwendbar ist. CAI ist grundsätzlich für eine Betriebsweise ausgelegt, bei der abgehende und kommende Verbindungen möglich sind. Die Restriktion bei Telepoint, daß nur abgehende Verbindungen möglich sind, beruht allein auf Lizenzbestimmungen und nicht auf technologischen Beschränkungen.

Theoretisch kann ein CT2-System eine Entfernung von bis zu 200 Metern zwischen Handapparat und Basisstation überbrücken. Tatsächlich sind solche Entfernungen unter normalen Umständen nicht notwendig, sondern sind wie z.B. bei schnurlosen Nebenstellenanlagen unter Umständen sogar unerwünscht. Hohe Ausgangsleistungen der Handapparate zur Abdeckung eines großen Bereichs reduzieren die Dichte der Basisstationen. Um diesen Gegensatz zwischen Reichweite und Dichte optimal lösen zu können, sieht der CAI-Standard vor, daß die Sendeleistung variiert werden kann. Unter Steuerung der Basisstation kann ein Handapparat seine Ausgangsleistung so reduzieren, daß der Empfang gut bleibt, ohne Interferenzen zu verursachen. Dazu mißt die Basisstation das Eingangssignal, und wenn die gemessene Empfangsfeldstärke den minimal notwendigen Wert überschreitet, wird dem Handapparat signalisiert, seine Ausgangsleistung zu reduzieren. Dieses Merkmal von CAI erlaubt eine wesentliche Erhöhung der Teilnehmerdichte.

Im CAI-Standard sind die Protokolle der Luftschnittstelle für schnurlose Telefonsysteme spezifiziert. CAI ist ein offener Standard, der von allen Herstellern benutzt werden kann. Alle zu CAI konformen Systeme müßten demnach interoperabel sein. Die in CAI spezifizierten Schichten 1 bis 3 entsprechen in ihrer Funktionaltität den korrespondierenden Schichten des OSI-Referenzmodells [CCITT X.200].

In Schicht 1 von CAI wird das physikalische Übertragungssystem inklusive Modulationsverfahren, Rahmenstruktur, Zeitverhalten und Bitrate beschrieben. Außerdem sind Kanalauswahl und Verbindungsinitiierung Aufgaben der Schicht 1.

In der Spezifikation der Schicht 2 sind die Protokollelemente zur Fehlererkennung, Fehlerkorrektur, Nachrichtenquittierung, Verbindungsüberwachung und Identifikation beschrieben.

In der Schicht 3 sind der Aufbau und die Bedeutung der Nachrichten festgelegt. Es wurde jedoch bewußt Platz für zukünftige Dienste und Einrichtungen gelassen. Die Funktionalität und die Nachrichtenelemente sind Anpassungen der Schicht 3 des ISDN-D-Kanal-Protokolls.

Bei CAI wird in einem Kanal dieselbe Frequenz zum Senden und Empfangen verwendet. Dieses Verfahren wird als Time-Division-Duplex (TDD) bezeichnet. Charakteristisch dabei ist, daß die Basisstation und der Handapparat abwechselnd senden. Die nominelle Datenrate beträgt 72 kbit/s. Je nach Situation müssen bis zu drei Unterkanäle innerhalb der verfügbaren Bandbreite gemultiplext werden. Es sind folgende Unterkanäle festgelegt:

- Signalisierungskanal (D-Kanal)
- Sprach-/Datenkanal (B-Kanal)
- Burst-Synchronisation-Kanal (SYN-Kanal)

Je nach Anwendungsfall wird die gesamte Kanalbreite auf die oben genannten Unterkanäle aufgeteilt. In bestimmten Situationen kann jeweils einer der Unterkanäle entfallen. Eine solche Zuteilung der Bandbreite wird in der Terminologie von CAI als Multiplexrahmen bezeichnet. In CAI sind drei verschiedene Multiplexrahmen definiert. Zur Unterscheidung werden die Multiplexrahmen durchnumeriert.

Multiplexrahmen 1 (MUX1) wird bei einer bestehenden Verbindung zur bidirektionalen Übertragung des D- und B-Kanals verwendet. Der SYN-Kanal ist im MUX1-Rahmen nicht vorhanden. Sollte in dieser Betriebsart die Synchronität verloren gehen, muß die Verbindung reinitialisiert werden. Der MUX1-Rahmen unterstützt zwei Signalisierungsmöglichkeiten (MUX1.2 bzw. MUX1.4). Der MUX1.2-Rahmen wird in einer 66-Bit-Burst-Struktur übertragen. Dabei dienen 2 Bit der Signalisierung. Dementsprechend werden beim MUX1.4-Rahmen 4 Bit einer 68-Bit-Burst-Struktur zur Signalisierung verwendet. Damit erhält man die Datenraten von 1 kbit/s beim MUX1.2-Rahmen beziehungsweise 2 kbit/s beim MUX1.4-Rahmen im D-Kanal und 32 kbit/s im B-Kanal.

Multiplexrahmen 2 (MUX2) wird während des normalen Aufbaus und zum Wiederaufbau einer abgebrochenen Verbindung verwendet. Im MUX2-Rahmen werden die D- und SYN-Kanäle übertragen. Der B-Kanal ist in dieser Betriebsweise nicht existent. Dem D-Kanal stehen 16 kbit/s und dem SYN-Kanal 17 kbit/s zur Verfügung.

Multiplexrahmen 3 (MUX3) wird zum Auf- und Wiederaufbau einer vom Handapparat initiierten Verbindung benutzt. Der B-Kanal ist wiederum nicht existent. Übertragen werden der D- und SYN-Kanal.

Verbindungsaufbau zwischen Basisstation und Handapparat

Soll eine Verbindung zwischen der Basisstation und einem Handapparat aufgebaut werden, wählt die Basisstation zuerst einen freien Kanal. Nach der Kanalwahl sendet die Basisstation einen MUX2-Rahmen an den Handapparat. Dieser besteht aus insgesamt 66 Bits, wovon 32 Bits dem D-Kanal und 34 Bits dem SYN-Kanal zugeordnet sind. Der MUX2-Rahmen enhält im SYN-Kanal ein spezielles Kanalkennzeichen. Dieses wird im empfangenden Handapparat zur Erlangung der Bit- und Burst-Synchronität verwendet. Im MUX2-Rahmen werden auch die Kennungen der Handapparate und Basisstationen ausgetauscht.

Der Handapparat überprüft zyklisch alle Kanäle. Erkennt er auf einem der Kanäle in der Burstsequenz seine eigene Kennung, antwortet er mit dem entsprechenden MUX2-Rahmen. Sobald der Benutzer den Ruf annimmt, schickt der Handapparat die Nachricht „Link_request" zur Basisstation. Diese wiederum antwortet mit der „Link_grant"-Nachricht. Danach wird die Verbindung initialisiert und das System schaltet auf die Multiplexstruktur MUX1 um. Welche der beiden Multiplexstrukturen, MUX1.2 oder MUX1.4, dann zur Anwendung kommt, wird während des Verbindungsaufbaus zwischen dem Handapparat und der Basisstation ausgehandelt. Alle Handapparate müssen mindestens den MUX1.2-Rahmen verarbeiten können. Sobald auf den MUX1-Rahmen umgeschaltet wurde, können Sprache [14] oder Daten im B-Kanal und die Ende-zu-Ende-Signalisierung im D-Kanal übertragen werden.

Verbindungsaufbau zwischen Handapparat und Basisstation

Der Handapparat wählt einen freien Kanal aus und beginnt mit der Übertragung des MUX3-Rahmens. Weil die Zielbasisstation in der Regel nur während eines eingeschränkten Zeitfensters eingehende Verbindungsaufbauwünsche erkennen kann, wird ein erweiterter Burst verwendet. Dieser Burst besteht aus insgesamt 720 Bits. Er ist in 5 Bitsequenzen mit je 144 Bits unterteilt, wobei jede Bitsequenz wieder in 4 Untermultiplexrahmen mit 36 Bits unterteilt ist. Jeder der 36-Bit-Untermultiplexrahmen enthält identische Daten, so daß die Basisstation nur einen der Untermultiplexrahmen vollständig empfangen muß, um den Verbindungsaufbauwunsch erkennen zu können. Die ersten vier 144-Bit-Sequenzen enthalten eine Mischung aus Präambel und D-Kanal-Daten, während die fünfte den SYN-Kanal beinhaltet.

Jeder Burst enthält Daten, mit welchen die Zielbasisstation und der rufende Handapparat eindeutig identifiziert werden können. Nachdem der Handapparat diesen erweiterten Burst gesendet hat, hört er den Kanal auf eine Antwort ab, bevor er den Burst wiederholt. Nachdem die Basisstation sich auf den Burst aufsynchronisiert und den Verbindungsaufbauwunsch erkannt hat, sendet sie einen MUX2-Rahmen zurück. Nachdem der Handapparat den MUX2-Rahmen erkannt hat, stoppt er das Senden des erweiterten

---

(14) eingesetztes Verfahren zur Sprachcodierung: „Adaptive Differential Pulse Code Modulation" (ADPCM) nach CCITT Rec. G.721; Übertragungsrate: 32 kbit/s

Bursts. Danach werden, wie im vorhergehenden Abschnitt beschrieben wurde, die Meldungen für den Verbindungsaufbau zwischen der Basisstation und dem Handapparat ausgetauscht. Wenn dieser Quittungsverkehr erfolgreich abgeschlossen ist, werden Sprache oder Daten im B-Kanal ausgetauscht.

Gebührenabrechnung und Authentisierung

Ein weiteres wesentliches Merkmal des CAI-Standards ist die erhebliche Verbesserung der Sicherheitsaspekte gegenüber der bisher in Großbritannien verwendeten CT0-Technologie. Die öffentlich zugänglichen Basisstationen, wie z.B. die Telepoint-Systeme, müssen um Funktionen zur Erfassung von Gebührendaten erweitert werden. Der CAI-Standard erlaubt den Austausch von Identifikatoren zwischen der Basisstation und dem Handapparat. Ein solcher Identifikator kann beispielsweise eine „Persönliche Identifikationsnummer" (PIN) sein, wie sie bei Bankautomaten verwendet wird. Durch Eingabe der PIN durch den Benutzer wird der Handapparat zur Benutzung freigegeben. Der zweite Schritt ist die Authentisierungsprozedur zwischen Handapparat und Basisstation. Im Falle einer öffentlich zugänglichen Basisstation ist ein dritter Schritt notwendig. Im dritten Schritt muß der Benutzer dem Gebührenabrechnungssystem des Dienstanbieters seine Abrechnungsnummer mitteilen.

5.3.1 Standardisierung bei ETSI

Wie schon in Kapitel 2.3 erwähnt, wird am „Europäischen Institut für Telekommunikationsstandards" (ETSI) der sogenannte DECT-Standard spezifiziert. DECT wird wie CT2 Geschäfts-, Heim- und Telepointanwendungen abdecken. Im Gegensatz zur schon verfügbaren CT2-Technologie wurde die DECT-Standardisierung erst 1992 abgeschlossen [Eur 90]. Aus diesem Grund haben sich 10 europäische Länder in einem *Memorandum of Understanding (MoU)* für den Einsatz der CT2-Technologie in ihren Telepoint-Systemen entschieden. Daraufhin hat die britische Herstellerindustrie CT2 und CAI dem ETSI als Standard vorgeschlagen. Inzwischen hat sich ETSI dem Druck der MoU-Unterzeichner und der Herstellerindustrie gebeugt und CT2 als sogenannten Interim-ETSI-Standard anerkannt. Als Reaktion darauf streben nun auch die anderen europäischen Hersteller die Etablierung von CT1+ und CT3 als Interim-Standard an. Allerdings ist das erklärte Ziel von ETSI, daß der DECT-Standard, sobald er verfügbar ist, alle Interimslösungen ersetzt.

Parallel zur Entwicklung des DECT-Standards wurden im Juni 1990 die Normungsarbeiten für das soganannte *Telepoint Subscriber Identity Module (TIM)* begonnen [Heg 90]. Die TIMEG (TIM Expert Group) soll die Arbeiten der Expertengruppe, die das Teilnehmeridentifikationsmodul (SIM) für das GSM-System entwickeln, auf die besonderen Anforderungen des Telepointsystems übertragen. Mit TIM soll mittels der Chipkartentechnik die für heutige Verhältnisse adäquaten Sicherheitstechniken Authentisierung und Sprachverschlüsselung realisiert werden. Sowohl bei TIM als auch bei SIM wird der Oberbegriff Modul verwendet, weil nicht nur das Standardformat der Chipkarte, sondern auch ein sogenanntes „plug-in" (Mini-Chipkarte) spezifiziert worden ist. Der Einsteck-Modul wird deshalb spezifiziert, weil abzusehen ist, daß die normalgroße Chipkarte für die zukünftigen sehr kleinen Mobilfunkendgeräte zu groß sein wird und weil in einigen Ländern das Identifikationsmodul fest eingebaut werden soll.

6 Bündelfunk

In diesem Kapitel wird eine weitere Variante der mobilen Kommunikationstechnik beschrieben. Diese wird „Bündelfunk" genannt. Woher dieser Name stammt, warum viele Experten im Bündelfunk eine Lösung für ein spezielles Teilgebiet der mobilen Kommunikation sehen und worin die speziellen Systemeigenschaften von Bündelfunksystemen bestehen - diese Fragen werden in den folgenden Abschnitten beantwortet.

Dabei wird nach der Beschreibung der heutigen Situation in der Bundesrepublik (erster Abschnitt in diesem Kapitel) im zweiten Teil auf den Bündelungsgewinn, aus dem sich ein besonderer Vorteil von Bündelfunknetzen ableitet, eingegangen. Danach wird im Abschnitt „Bündelfunknetze" der organisatorische und funktionale Aufbau dieser Netze beschrieben. Die technischen Eigenschaften und ein Beispiel eines offengelegten Protokolls werden im vierten Abschnitt dargestellt. Das Kapitel schließt mit einer kurzen Marktprognose.

6.1 Die Situation in der BRD

Neben dem öffentlichen Funkrufdienst und dem Funktelefondienst, die in den siebziger bzw. den späten fünfziger Jahren zum ersten Mal aufgebaut wurden, existieren eine Reihe weiterer Funkdienste, die jedoch nicht öffentlich zugänglich sind. Dies bedeutet, daß die verwendeten Frequenzen nicht von der breiten Öffentlichkeit, sondern von spezifischen Anwendern bzw. Anwendergruppen genutzt werden. Aus diesem Grunde erfand die Deutsche Bundespost für diese Dienste die Bezeichnung „nichtöffentlicher mobiler Landfunk" (nömL) im Gegensatz zum „öffentlichen mobilen Landfunk" (ömL, [FoW 90]). In Bild 6.1 ist eine Auswahl von Funkdiensten und deren Einteilung in diese Gruppen dargestellt.

Der wohl bedeutendste Dienst im „nömL" ist der Betriebsfunk. Dieser Dienst bietet den Betreibern die Möglichkeit, mit ihren mobilen Stationen in einem privaten Netz oder in einem Funknetz, in dem sich sogenannte Bedarfsträgergruppen organisiert haben, in Funkkontakt zu treten. Die Betreiber von Betriebsfunkstationen sind in der Regel, wie schon der Name andeutet, Unternehmen.

Insgesamt wurden in der BRD Mitte 1990 rund 750.000 Funkgeräte im Betriebsfunk eingesetzt. Diese waren auf rund 110.000 private Netze verteilt. Daneben funken ferner die „Behörden und Organisationen mit Sicherheitsaufgaben (BOS)" mit rund 220.000 mobilen Stationen und weiterhin eine Reihe anderer Institutionen, wie z.B. die Deutsche Bundesbahn.

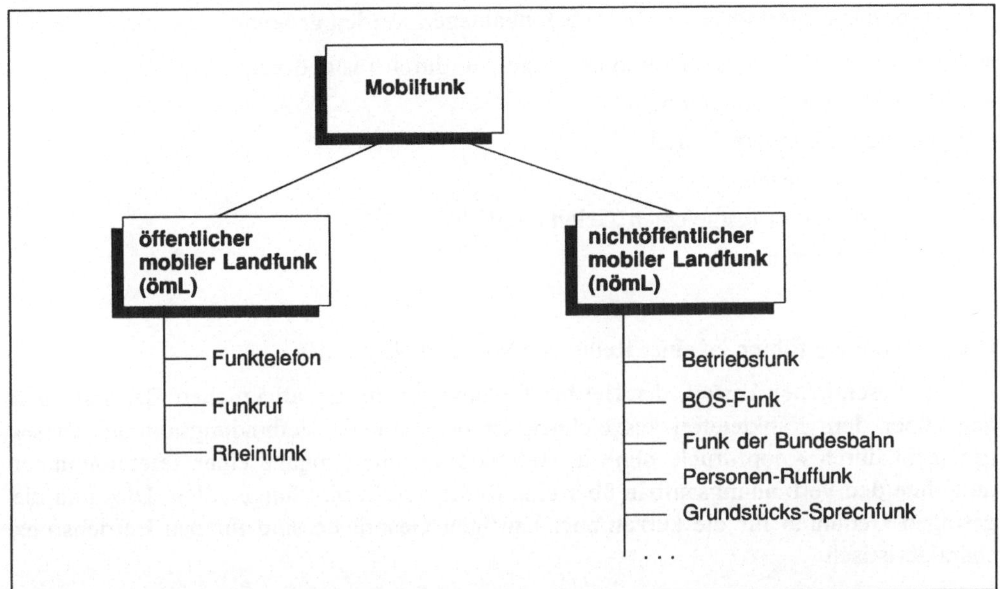

Bild 6.1 Einteilung der Funkdienste in der BRD in öffentlicher und nichtöffentlicher mobiler Landfunk.

Diese große Anzahl von Funkstationen steht im Gegensatz zur beschränkten Ressource „Frequenz". Erschwerend kommt in der BRD noch hinzu, daß die zentrale geographische Lage Deutschlands in den Grenzbezirken die Koordination der verwendeten Frequenzen mit den Nachbarstaaten erfordert. Nicht zuletzt benötigen die Bundeswehr und die bei uns stationierten ausländischen Truppen einen Teil des verfügbaren Frequenzbandes für ihre Zwecke.

Um das Frequenzband möglichst gut auszunutzen, legte seinerzeit die damalige Deutsche Bundespost Anwendergruppen (Bedarfsträgergruppen) fest, die sich eine Frequenz teilen müssen. Um die Frequenzen in möglichst geringen Abständen wiederholen zu können, wird zudem die Sendeleistung auf 6 bzw. 1 Watt bei festen Sendern und Fahrzeugen bzw. auf 2,5 Watt bei Handgeräten begrenzt. Dies hat unter anderem eine geringe Funkreichweite von ca. 10 km um die Funkfeststation zur Folge. In Ausnahmen sind 15 km erlaubt bzw. möglich.

Insgesamt gesehen ist der Betriebsfunk in seiner jetzigen Ausprägung und seinem jetzigen Umfang wohl an der Grenze angekommen, an der ein einigermaßen erträglicher Betrieb im gegebenen Frequenzband noch möglich ist [Fun 90a].

Als wesentliche Merkmale von Betriebsfunkanlagen werden genannt:

- Schneller Verbindungsaufbau in der Regel nur durch Tastendruck
- Übertragung von Daten möglich
- in der Regel Simplex-Betrieb
- offener Funkbetrieb
- Notrufe zu vorher festgelegten Zielen möglich
- geringe Gebühren

Diese Merkmale führen zu einer Reihe von Vor- und Nachteilen:

Ein wesentlicher Vorteil, der Betriebsfunkanlagen in der alltäglichen Geschäftswelt gegenüber dem Funktelefon auszeichnet, ist der schnelle Verbindungsaufbau. Dieser geschieht durch Knopfdruck, ohne die relativ langsame Eingabe einer Telefonnummer und ohne den Verbindungsaufbau über eine Reihe von Vermittlungsstellen. Dies und die geringen Gebühren für die kurzen aber häufigen Gespräche sind für den Betriebsfunk charakteristisch.

Ein besonderer Nachteil ergibt sich aus dem offenen Funkbetrieb. Da in der Regel kein Selektivrufverfahren eingesetzt wird, muß jeder Benutzer seine Frequenz abhören und dann selbst entscheiden, ob der Ruf für ihn bestimmt ist. Dies wirkt sich besonders nachteilig aus, wenn unterschiedliche Unternehmen auf derselben Frequenz senden. Im Extremfall kommt es dazu, daß konkurrierende Unternehmen (z.B. Taxiunternehmen) auf ein und derselben Frequenz angesiedelt sind.

Ein weiterer Nachteil des Betriebsfunks ergibt sich aus der geringen Funkreichweite. Operiert ein Anwender in einem größeren Gebiet, so muß er mehrere Funkfeststationen verwenden. Diese werden durch Mietleitungen verbunden, wobei neben den Erstellungskosten für diese Stationen auch erhebliche laufende Kosten für die Mietleitungen anfallen.

Das Hauptproblem liegt allerdings in der Frequenzknappheit. So besteht eine große Nachfrage nach Funkkapazität, die nicht mehr zur Verfügung steht.

Da die heutige Betriebsfunktechnik zudem nicht mehr den modernen Möglichkeiten der Sprach- und Datenübertragung entspricht, wird nach neuen Lösungen gesucht, die den Bedürfnissen der Benutzer besser gerecht werden und zudem durch eine bessere Frequenzökonomie größere Kapazitäten bereitstellen.

Warum die Bündelfunktechnik, die in den USA bzw. in Großbritannien bereits seit einigen Jahre erfolgreich eingesetzt wird, in den Augen vieler Fachleute die heutigen Systeme ablösen wird, wird im weiteren Verlauf dieses Kapitels erläutert.

6.2 Bündelungsgewinn

In der herkömmlichen Technik des Betriebsfunks wird jedem Anwender bzw. jeder Anwendergruppe ein Funkkanal zugewiesen. Dieser steht der Anwendergruppe exklusiv zur Verfügung. Aus diesem Grunde hängt die Auslastung der einzelnen Kanäle stark von deren Verhalten ab. Dies bedeutet, daß einerseits Kanäle stark, andererseits andere wiederum wenig ausgelastet sind, wenn die entsprechende Anwendergruppe viel bzw. wenig sendet.

Ziel muß es jedoch sein, alle Kanäle gut auszulasten, ohne einzelne dabei zu überlasten.

Dieses kann dadurch erreicht werden, indem man die feste Zuordnung zwischen Benutzer und Kanal aufgibt. Jeder Benutzer kann nun über einen der Kanäle aus der Gesamtmenge der Kanäle senden, ohne explizit zu wissen, welcher Kanal ihm nun genau zugeteilt ist.

Ein Kanal wird dem Benutzer vom System nur bei Bedarf zugeordnet und anschließend sofort wieder entzogen. Im Gegensatz zur herkömmlichen Technik, bei der ein Benutzer immer über den gleichen Kanal sendet, stehen jetzt einer entsprechend größeren Benutzergruppe eine entsprechende Anzahl von Kanälen zur Verfügung. Man spricht in diesem Zusammenhang von einem Kanalbündel. Dieser Zusammenhang ist in Bild 6.2 dargestellt.

Während in der herkömmlichen Technik ein Benutzer warten mußte, bis sein Kanal, der ihm und den anderen Mitgliedern seiner Anwendergruppe zugeordnet war, freigegeben wurde, kann der Benutzer bei einer Kanalbündelung bereits sprechen, wenn irgend ein beliebiger Kanal frei ist.

Der Effekt, der bei einer Bündelung der Kanäle erzielt wird, wird „Bündelungsgewinn" genannt.

Aus der Sicht eines Netzbetreibers läßt sich der Bündelungsgewinn wie folgt charakterisieren:

> *„Die Ausnutzung je Kommunikationskanal steigt bei konstanter Verlustwahrscheinlichkeit mit der Anzahl der frei zuteilbaren Kanäle eines Kanalbündels."*

Dabei bezeichnet die „Verlustwahrscheinlichkeit", die Wahrscheinlichkeit, daß eine Rufanforderung nicht durchgeführt werden konnte, weil die entsprechenden Kommunikationskanäle belegt sind. Die „Ausnutzung" eines Kanals ist als Quotient der Belegtzeit dividiert durch den betrachteten Zeitraum definiert.

Dies bedeutet, daß man über die vorhandenen Kommunikationskanäle bei einer Kanalbündelung mehr Nachrichtenverkehr übertragen kann. In einem Funknetz erzielt man damit eine bessere Ausnutzung der vorhandenen Frequenzen.

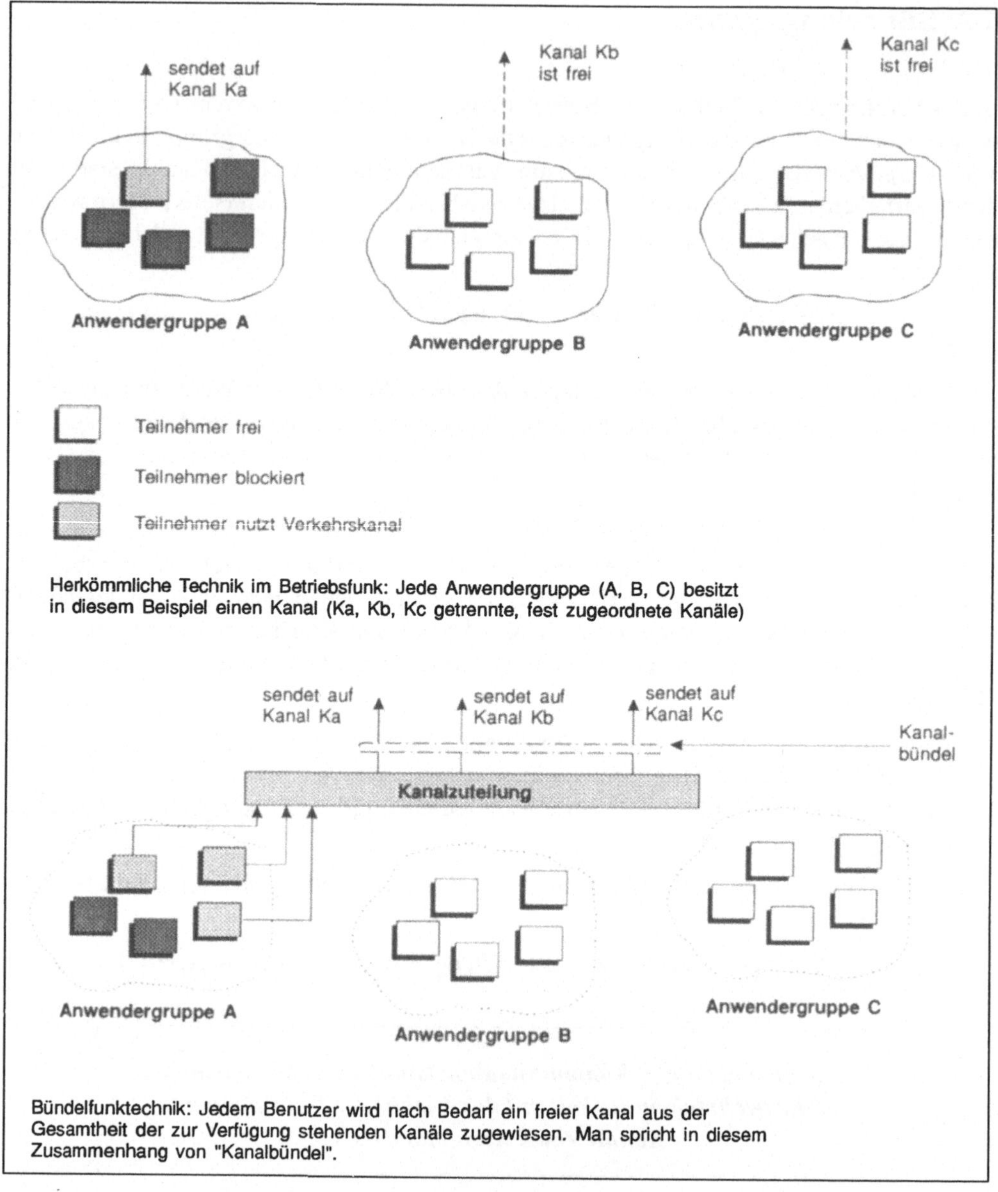

Bild 6.2 Vergleich herkömmliche Technik und Kanalbündelung

In Bild 6.3 wird der Bündelungsgewinn verdeutlicht. In diesem Diagramm ist der Nachrichtenverkehr (in Erlang) bei einer konstanten Verlustwahrscheinlichkeit von 10% über der Anzahl der zur Verfügung stehenden Nutzkanäle aufgezeichnet. Man erkennt daß ein bedeutend höheres Gesprächsvolumen bei gleichen Verlusten durch Bündelung erreicht werden kann.

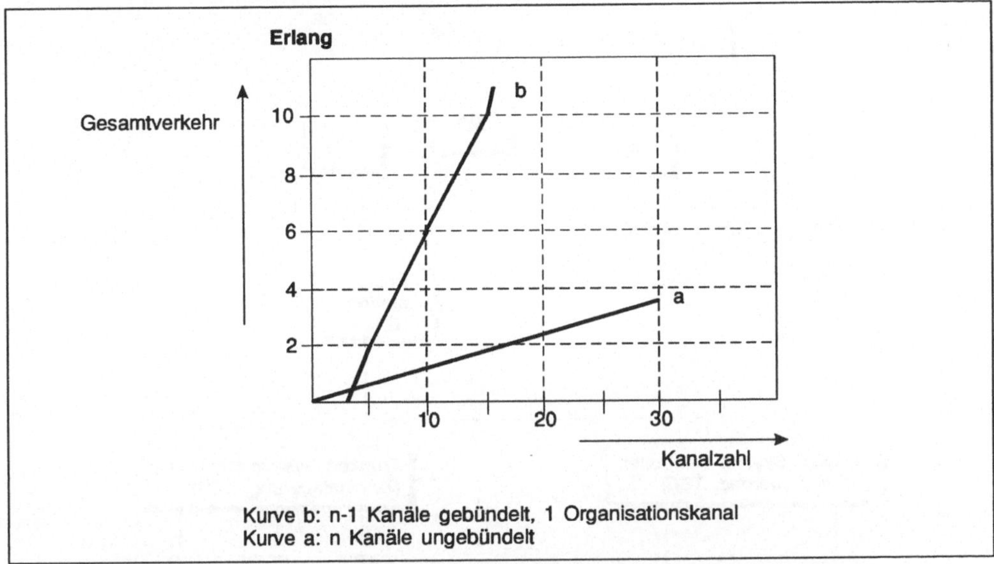

Bild 6.3 Gesamtverkehr bei einer 10%-igen Verlustwahrscheinlichkeit über der Kanalzahl
(Quelle: AEG).

Der positive Effekt, der durch die Bündelung von Verkehrskanälen entsteht, ist in der Nachrichtenvermittlungstechnik nicht neu. Dieser Effekt wurde schon früh erkannt und wird in der Telefontechnik schon seit geraumer Zeit ausgenutzt, indem man z.B. Fernmeldeleitungen zwischen Vermittlungseinrichtungen bündelt.

6.3 Funktionaler Aufbau von Bündelfunknetzen

In der Bündelfunktechnik wird der im vorigen Abschnitt beschriebene Effekt des Bündelungsgewinns ausgenutzt. Den Benutzern eines Bündelfunknetzes wird bei Bedarf ein Nutzkanal aus der Gesamtheit der Funkkanäle zugewiesen. In Bild 6.4 ist der funktionale Aufbau eines Bündelfunknetzes dargestellt.

Dabei erkennt man, daß jede Mobilstation über die Luftschnittstelle mit einer Basisstation verbunden ist. Die Verbindung erfolgt während einer Nutzübertragung über einen der zur Verfügung stehenden Verkehrskanäle, die je nach Bedarf zugeteilt werden können. Diese Verkehrskanäle bilden jeweils ein Kanalbündel. Weiterhin ist ein Organisationskanal eingezeichnet. Über diesen Kanal sind die Mobilstationen mit dem Festteil des Systems verbunden, wenn keine explizite Nutzverbindung besteht. Über den Organisationskanal wird die Signalisierung zwischen Mobilstationen und Basisstationen abgewickelt.

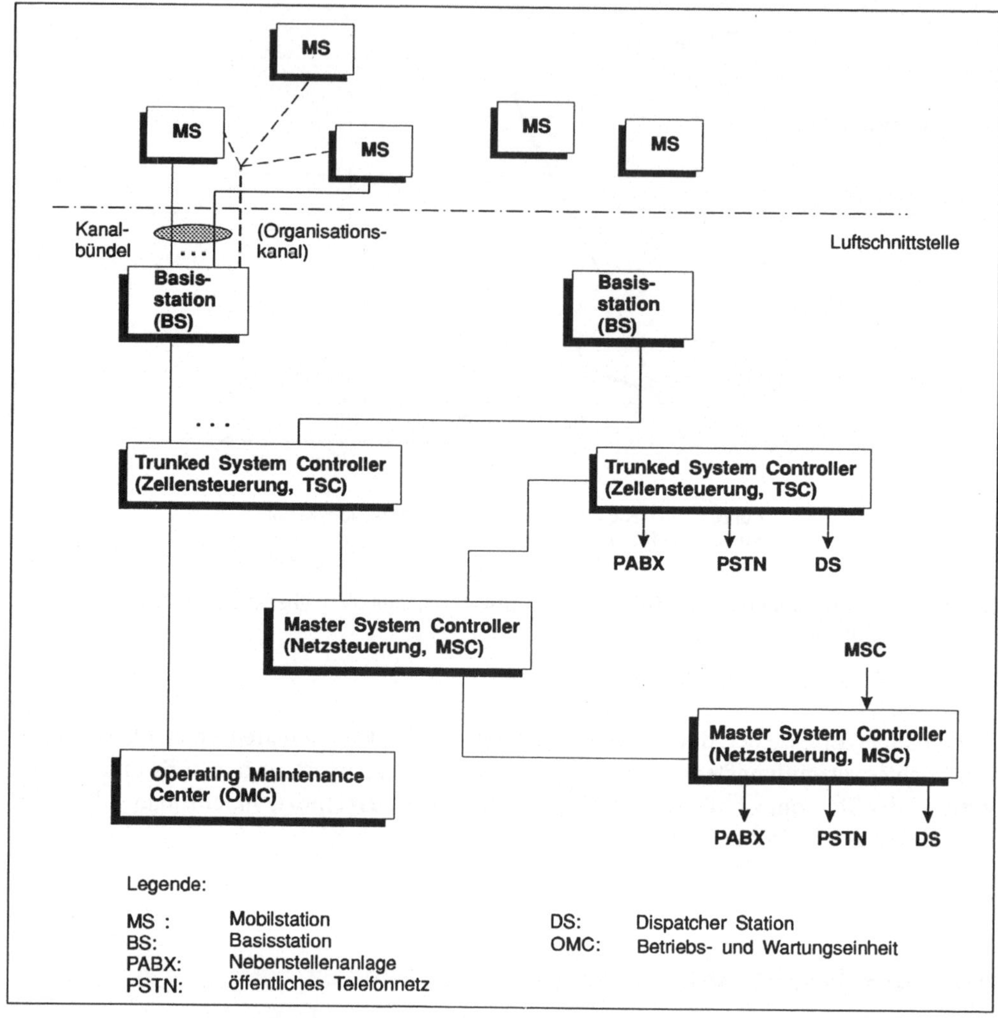

Bild 6.4 Punktionaler Aufbau eines Bündelfunknetzes

Die Aufgaben des Organisationskanals umfassen insbesondere:

- Verbindungsaufbau

- Anforderung eines Verkehrskanals durch die Mobilstation

- Zuweisung von Nutzkanälen an die Mobilstation im Falle einer Nutzverbindung

- Verbindungsabbau

Wie in Bild 6.4 angedeutet ist, kann ein Bündelfunknetz mehrere Basisstationen umfassen. Dies impliziert einen zellularen Aufbau solcher Netze. Dabei wird zwischen Zellensteuereinrichtungen (TSC, „Trunked System Controller") und Netzsteuereinrichtungen (MSC, „Master System Controller") unterschieden (siehe auch [Ise 90]).

Die TSC, die mit den Basisstationen verbunden sind, steuern eine Funkzelle. Liegt ein mehrzelliges Netz vor, so sind die TSC weiterhin mit den Netzsteuereinrichtungen (MSC) verbunden.

Ein TSC steuert die zugehörige Zelle. Seine Aufgaben umfassen die Verwaltung von Verkehrskanälen und deren Zuordnung zu den Mobilstationen im Gesprächsfall. Da in einem mehrzelligen Bündelfunknetz ein Wechseln der Zellen erlaubt ist („Roaming", siehe Kapitel 3), führt der TSC in diesem Fall auch die Heimat- und Fremdregister, in denen die Teilnehmer, die der Funkzelle zugeordnet sind, bzw. die sich in der Zelle aufhalten, eingetragen sind. Ein „Handover" wie etwa bei den Mobiltelefonnetzen (siehe Kapitel 3) ist jedoch für Bündelfunknetze nicht vorgesehen, da die sehr kurzen Verbindungsaufbauzeiten dieses als nicht notwendig erscheinen lassen. Auf der Ebene der Zellsteuerung ist es möglich, Bedienstationen („Dispatcher Stations") bzw. Schnittstellen zum öffentlichen Telefonnetz und zu Nebenstellenanlagen einzurichten.

Die Netzsteuerung (MSC) vermittelt den Verkehr, der eine Zelle verläßt (netzweiter Verkehr). An die MSC können Schnittstellen ans öffentliche Verkehrsnetz und an Nebenstellenanlagen eingerichtet werden. Auch Netzmanagement- und -wartungseinrichtungen („Operating and Maintenance Center") werden an die MSC angekoppelt. Fällt ein MSC aus, so ist das Netz immer noch zumindest auf Zellebene betriebsfähig.

6.4 Eigenschaften von Bündelfunknetzen

Wie in den vorherigen Abschnitten bereits angedeutet wurde, ist das wesentliche Merkmal von Bündelfunknetzen die zentrale Verwaltung der Verkehrskanäle und deren bedarfsgerechte Zuweisung an die Funkteilnehmergruppen.

Darüber hinaus besitzen Bündelfunknetze weitere Eigenschaften, die sie von herkömmlichen Betriebsfunksystemen unterscheiden. Diese Eigenschaften beruhen einerseits auf der Kanalbündelung, andererseits gestattet die Verwendung moderner Hard- und Software neue Merkmale.

So werden durch den Einsatz von Selektivrufverfahren und durch die zentrale Steuerung eine Reihe von Verbindungsarten möglich:

- Einzelruf
- Gruppenruf
- Notrufe zu vorher festgelegten Zielen
- Konferenzrufe
- Verbindung zu Nebenstellenanlagen
- Verbindung gehend zum öffentlichen Telefonnetz (Eine vom Telefonnetz kommende Verbindung ist technisch realisierbar, wird aber nicht erlaubt, um eine Konkurrenzsituation zwischen Bündelfunknetzen und den Funktelefonnetzen zu vermeiden.)

Weiterhin ist es möglich, Prioritätsstufen zu vergeben. Diese Prioritätsstufen sind dann wichtig, wenn alle Verkehrskanäle belegt sind und weitere Gesprächsanforderungen eingehen. Es sind zwei Vorgehensweisen denkbar: Einmal können diese Gesprächswünsche einfach abgewiesen werden und gehen dann verloren (Verlustsystem). Im anderen Fall werden diese in eine Warteschlange eingereiht (Warteschlangenbetrieb). Wird ein Kanal frei, so wird dieser einer Anforderung aus der Warteschlange zugewiesen. In diesem Fall werden hohe Prioritätsstufen bevorzugt.

Ein weiteres Leistungsmerkmal von Bündelfunknetzen ist die Möglichkeit zur Rufweiterleitung.

Die Verbindung kann in Bündelfunknetzen einfach, zum Teil durch Knopfdruck aufgebaut werden. Dabei geschieht der Verbindungsaufbau im Vergleich zu den Funktelefondiensten sehr schnell. Ferner werden kurze Verbindungsdauern angestrebt, so daß in der Regel eine Gesprächbegrenzungsdauer eingeführt wird. Dadurch werden Bündelfunksysteme dem Einsatz in der betrieblichen Ablauforganisation angepaßt. Typisch für ein solches Einsatzgebiet sind eine hohe Anzahl von kurzen Gesprächen, was sehr viele Verbindungsauf- bzw. -abbauprozeduren bedeutet.

Durch den Einsatz von Selektivrufverfahren werden nur die oder das adressierte Endgerät angesprochen. Dies führt zu einer Entlastung der anderen Teilnehmer, die nicht mehr den Funkkanal ununterbrochen mithören müssen. Arbeiten mehrere Anwendergruppen mit einem physischen Bündelfunknetz, so sieht jede Gruppe ihr eigenes logisches Netz. Dies bedeutet, eine Anwendergruppe sieht das Netz so, als ob sie es exklusiv nutzt.

Durch die Kanalbündelung erreichen Bündelfunknetze eine weitaus bessere Frequenzausnutzung als etwa die Betriebsfunkanlagen in der herkömmlichen Technik. Weiter erhöht wird die Frequenzökonomie durch die Aufteilung der Bedeckungsgebiete in Funkzellen. Dadurch ist es möglich die Frequenzen in räumlich kleineren Abständen zu wiederholen. Durch den Zusammenschluß der Funkzellen in einem Netz lassen sich größere Gebiete wie Wirtschafträume oder Ballungszentren versorgen. Andererseits kann ein Bündelfunknetz auch auf kleinere Gebiete beschränkt sein, wie z.B. auf Flughäfen oder Firmenareale.

Bündelfunknetze werden u.a. von Dienstanbietern aufgebaut und bereitgestellt. Während die Betriebsfunkanlagen weitgehend von den Nutzern selbst aufgebaut, betrieben und unterhalten wurden, bieten die Bündelfunk-Dienstanbieter kleinen wie großen Unternehmen die Möglichkeit am Bündelfunk teilzunehmen, ohne in die Netzplanung und den Netzaufbau investieren zu müssen.

Neben der Übertragung von Sprache ist auch die Übertragung von Status- bzw. Kurzdatentelegrammen über den Organisationskanal und von Daten über den transparenten Verkehrskanal möglich.

6.5 Anbieter und Betreiber von Bündelfunkdiensten bzw. -netzen

Wie in dem vorherigen Abschnitt bereits angedeutet wurde, müssen die Bedarfsträgergruppen bzw. Nutzer von Betriebsfunkanlagen in der Regel selbst die notwendigen Sendeanlagen und festen Funkstationen installieren und betreiben.

Bei einem Bündelfunksystem, das, wie im vorigen Abschnitt angedeutet wurde, aus mehreren Zellen bestehen und somit größere Gebiete umfassen kann, bietet sich eine Alternative. Es gibt Unternehmen, die Bündelfunknetze betreiben und Dritten als Dienst anbieten.

Ein solches Unternehmen ist die Deutsche Bundespost Telekom, die bereits einige Bündelfunknetze im Probebetrieb bzw. regulärem Betrieb betreibt (siehe Abschnitt 2.7). Der Bündelfunkdienst wird in diesen Netzen unter dem Namen „Chekker" interessierten Unternehmen angeboten (s. [Rei 90], [Sta 90], [Str 90a], [Str 90b]). Neben der Telekom gibt es eine Reihe weiterer Unternehmen, die Bündelfunknetze betreiben. Die Grundlagen dazu wurden geschaffen, indem ein Lizenzierungsverfahren vom Bundesministerium für Post- und Telekommunikation festgelegt wurde ([Pet 90]) und entsprechende Lizenzen verteilt werden.

Daneben wird es weiterhin private Bündelfunknetze geben. Diese werden von Unternehmen betrieben, die diese selbst nutzen und nicht bzw. nur eingeschränkt an Dritte weitervermieten. Dieser Anwendungsfall wird in der Regel dann auftreten, wenn ein Unternehmen auf einem lokalen Standort z.B. auf einem zusammenhängenden Grundstück ein sehr großes Funkaufkommen zu bewältigen hat. Ein Beispiel eines solchen Netzes ist das Bündelfunknetz, das die „Flughafen Frankfurt AG" auf dem Frankfurter Flughafen betreibt. Dieses Netz war das erste Bündelfunknetz, das in Deutschland betrieben wurde. Es wurde von der AEG Mobile Communication GmbH (früher: AEG-Olympia GmbH) entwickelt und aufgebaut (siehe [Lab 90], [Kei 90]).

Insgesamt kann man den zukünftigen Einsatz von Bündelfunknetzen, wie in Bild 6.5 aufgelistet, nach Betreiber und nach Netzgröße charakterisieren:

Netz- größe	Privater Betreiber	Netzbetreiber bietet Dienst Dritten an
lokal	Netz auf Grundstück (z.B. Flughafen)	denkbar
regional	Ausnahmefall (z.B. Energieversor- gungsunternehmen)	Netz bedeckt Wirt- schaftsräume bzw. Ballungsgebiete
flächen- deckend	nicht geplant	Ausnahmefall (Integration von Netzen in einem übergeordneten Netz denkbar)

Bild 6.5 Ausprägungen von Bündelfunknetzen

6.6 Bündelfunktechnik

In den folgenden Unterabschnitten wird auf die technischen Aspekte von Bündelfunknetzen eingegangen. Nach einem Überblick über die vorhandenen offenen Standards in diesem Themenkreis wird auf die Realisierung der Luftschnittstelle näher eingegangen.

6.6.1 Standardisierung von Bündelfunknetzen

Als zentraler offengelegter Standard wird das MPT 1327-Protokoll (Ministry of Post and Telecommunication, Großbritannien) und einige weitere Protokolle dieser Serie gehandelt. Diese Standards werden u.a. in den deutschen „Chekker-Netzen" der DBP Telekom eingesetzt. Der MPT 1327 wurde von einer Gruppe von Herstellern und Anwendern zusammen mit dem englischen Ministerium für Wirtschaft und Industrie „Department of Trade and Industry" (DTI) entwickelt. Insbesondere beruht das Zugriffsprotokoll für den Organisationskanal auf Forschungsergebnissen der Firma Philips.

Dieser Standard zeichnet sich durch seine Flexibilität in Bezug auf die Netzgrößenauslegung aus. Im folgenden werden einige Merkmale, die dieser Standard ermöglicht, bzw. die diesen Standard kennzeichnen, aufgeführt:

- Ausrichtung auf Sprachkommunikation
- Notruf als Sprach- und als Datenruf
- Prioritätsruf
- Statusmeldungen
- Funktelegramme (bis 184 Bit lang)
- Zentralruf: Der Ruf wird an die Zentrale vermittelt. Diese baut die Verbindung zu einer günstigen Zeit auf.
- Konferenzschaltung
- Weiterleiten, bzw. Umleiten von Rufen
- Ansageruf: Funkeinheiten können bei dieser Rufart nicht antworten
- Datenruf
- Zugang zu Nebenstellenanlagen bzw. zum öffentlichen Netz

Zu den oben genannten Standards werden neben dem MPT 1327 insbesondere noch der MPT 1343, MPT 1347 und der MPT 1352 gezählt. Diese sind im Literaturverzeichnis unter [MPT 1327] . . . [MPT 1352] angegeben. Im folgenden werden die wesentlichen Inhalte kurz aufgeführt.

MPT 1327: Signalling Standard

Der MPT 1327 definiert das Signalisierungsprotokoll zwischen den Zellensteuerungseinheiten (TSC, siehe Bild 6.4) und den mobilen Endgeräten. Dieses Protokoll ist derart gestaltet, daß es die Implementierung eines großen Spektrums von Systemgrößen erlaubt. Bei kleinen Systemen kann der Organisationskanal auch als Verkehrskanal genutzt werden. Der nächste freie Kanal wird dann vom System als Organisationskanal definiert.

Große Systeme erlauben einen zellularen Aufbau. Dadurch können komplexe Netzstrukturen realisiert werden. Daneben sind Schnittstellen zu anderen Kommunikationsnetzen wie dem öffentlichen Telefonnetz vorgesehen.

Die in diesem Standard vorgesehenen Nachrichtenformate steuern z.B. den Verbindungsauf- und -abbau. Weiterhin sind Steuermeldungen an einzelne Endgeräte bzw. an alle Endgeräte zur Einstellung von Parametern und Systemeigenschaften definiert. Kurznachrichtendienste und Statusmeldungen sind über den Organisationskanal ebenfalls möglich.

MPT 1343: System Interface Specification

Dieser Standard spezifiziert die Aktionen, die ein Endgerät ausführen muß, um in einem Bündelfunknetz eingesetzt werden zu können. Weiterhin ergänzt dieser Standard den MPT 1327 um Funktionen, die das Endgerät bezüglich Systemsteuerung und bzgl. des Zugriffs auf Verkehrskanäle benötigt.

Ferner werden eine Reihe von Nachrichtentypen aus dem MPT 1327 ausgewählt, die für den Betrieb fest vorgeschrieben werden. Diese Nachrichten betreffen u. a. die Themenfelder Sicherheit, Kanalzuweisung und -freigabe, Registrierprozeduren und Rücksetzprozeduren, wenn die Verbindung infolge Endgerätefehler oder Funkschatten nicht korrekt abgewickelt werden konnte.

Für den Standard MPT 1343 existiert die entsprechende deutsche Norm „ZVEI-RegioNet 43" [ZVEI 43], die den MPT 1343 an hiesige Verhältnisse anpaßt.

MPT 1347: Radio Interface Specification

In diesem Standard werden Aktionen, die der Festteil des Systems ausführen muß, spezifiziert. So wird die Steuerung des Organisationskanals durch das Netzwerk beschrieben. Ferner werden Regeln für die Vergabe von Identifikationsnummern bzw. -adressen festgelegt. Weiterhin wird die Registrierprozedur von eingeschalteten Endgeräten definiert und das Rücksetzen des Festteils im Falle von Fehlern behandelt.

MPT 1352: Test Schedule for the Approval of Radio Units

Dieser Standard beschreibt das Vorgehen zur Überprüfung der Konformität zwischen Systemen verschiedener Hersteller. Da in einem verteilten Netz jedoch sehr komplexe Situationen und Zustände auftreten, kann dieser Standard nicht alle denkbaren Testfälle umfassen.

6.6.2 Technische Aspekte in standardisierten Bündelfunknetzen

In diesem Abschnitt wird auf die technischen Merkmale von Bündelfunknetzen näher
eingegangen. Dabei werden Daten von Netzen, die nach den MPT-Standards arbeiten,
angegeben. Bündelfunksysteme, die anderen offenen oder firmenspezifischen Spezifikationen genügen, sind im allgemeinen nach anderen Grundsätzen dimensioniert oder
arbeiten i.a. mit anderen Techniken.

Der Frequenzbereich, in dem Bündelfunknetze arbeiten können, umfaßt die gesamte
Bandbreite, in der Mobilkommunikation denkbar ist. In Europa findet man Bündelfunknetze im Bereich von 80 MHz bis 500 MHz ([Ste 89]).

Für die deutschen „Chekker-Netze" der DBP Telekom sind folgende Frequenzbereiche vorgesehen:

> Mobilstation zum Festteil: 410 . . . 418 MHz
>
> Festteil zur Mobilstation: 420 . . . 428 MHz

Daraus resultiert ein Duplexabstand von 10 MHz. Diese Netze werden mit einer Kanalbandbreite von 12,5 kHz betrieben. Als Abstände der Einzelkanäle war im Frühjahr 1990
150 kHz geplant. Die maximale Strahlungsleistung der Funkstationen beträgt 6 Watt.

Von zentraler Bedeutung für Bündelfunknetze ist der Organisationskanal. Auf diesem
wird die Verkehrsabwicklung gesteuert. Zu diesem Zweck werden Signalisierungsnachrichten zwischen Mobil- und Feststationen ausgetauscht.

Die Nachrichten werden auf dem Organisationskanal digital übertragen. Die Übertragung der Nutzinformation (in der Regel Sprache) auf den Verkehrskanälen erfolgt in den
heutigen nach MPT arbeitenden Systemen analog.

Die Mobilstationen greifen im Halbduplexverfahren auf diesen Kanal zu. Dieses geschieht immer dann, wenn keine Nutzverbindung besteht. Während der Nutzverbindung
wird die Signalisierung über den zugewiesenen Verkehrskanal durchgeführt. Im Gegensatz dazu sendet die Basisstation auf dem Organisationskanal duplex.

Die MPT-Protokolle erlauben sowohl Systeme, die einen permanenten Organisationskanal betreiben, d.h. der Organisationskanal wird nicht zusätzlich als Nutzkanal genutzt,
als auch Systeme, in denen der Organisationskanal bei Bedarf als Nutzkanal zugeteilt
werden kann. Letzteres wird bei kleinen Systemen mit geringer Kanalzahl angewandt.
Für größere Systeme ist die erste Alternative günstiger.

Als Zugriffsprotokoll für den Organisationskanal ist in den MPT-Standards ein
„Random Access-Verfahren" das sogenannte „Dynamic Frame Length Slotted Aloha"-
Verfahren definiert.

Als Modulationsart wird „Fast Frequency Shift Keying" (FFSK) angewandt. Dabei
beträgt die Bitrate 1200 Bit/s. Ein Datentelegramm umfaßt 128 Bit, so daß ein Tele-
gramm in 106,7 ms übertragen wird.

Neben den eigentlichen Signalisiernachrichten können über den Organisationskanal
zudem auch Statustelegramme und Kurzdatentelegramme übertragen werden. Status-

telegramme umfassen fünf Bit Information. Die Kurzdatentelegramme besitzen einen Nutzteil von 184 Bit.

Weitere Datenübertragung ist über den transparenten Verkehrskanal denkbar. Allerdings wird einerseits nicht digital übertragen und andererseits ist der Verkehrskanal nicht auf Datenübertragung optimiert.

Ein offengelegtes Protokoll für Datenübertragung in Bündelfunknetzen wurde von der schwedischen Postverwaltung und der Firma „Ericsson" spezifiziert. Es ist unter dem Namen „Mobitex" bekannt. Ferner errichtet die DBP Telekom ein Bündelfunknetz für Datenübertragung mit dem Namen „Modacom".

Neben den offengelegten Standards gibt es noch eine Reihe von privaten, firmenspezifischen Lösungen. Diese werden u.a. für private und lokal begrenzte Bündelfunksysteme eingesetzt. Ein Beispiel einer solchen Lösung ist das Bündelfunknetz der „Flughafen Frankfurt AG", das von der „AEG Mobile Communication GmbH" entwickelt wurde und auf dem Frankfurter Flughafen eingesetzt wird.

6.7 Marktprognosen für Bündelfunknetze

Die Marktprognosen zeichnen ein günstiges Bild für den Bündelfunk ([Fun 90a], [PKI 89], [Sta 92]). In diesen Vorhersagen wird davon ausgegangen, das sich das Marktpotential für Bündelfunk aus drei Kundengruppen zusammensetzt.

Es sind dies einmal die Teilnehmer des bisherigen Betriebsfunks. Zum Zweiten wird erwartet, das ein Teil der heutigen Funktelefonnutzer zum Bündelfunk wechselt. Weiterhin wird ein beträchtliches Neukundenpotential vorausgesagt, so daß für das vereinte Deutschland bis zum Jahr 2000 in [Sta 92] über 1,5 Millionen Bündelfunkteilnehmer allein in den öffentlich angebotenen Bündelfunkdiensten erwartet werden.

Dieser Markt wird von einer steigenden Anzahl von Netzbetreibern unter sich aufgeteilt werden. Dabei wird sich die Hauptaktivität in den Ballungsgebieten abspielen.

Große Wachstumsraten werden auch für die Märkte Bündelnetz-Infrastruktur und mobile Endgeräte prognostiziert.

Das große Interesse der Industrie an diesem Markt wird in [Fun 90a] auch aus der Tatsache erklärt, daß im Gegensatz zum D2-Netz nicht nur eine Lizenz vergeben wird, sondern eine Reihe von Lizenzen für unterschiedliche Wirtschaftsräume zu vergeben sind. So wird bis zum Jahre 1995 mit über 40 Wirtschafträumen gerechnet, in denen öffentliche Bündelfunknetze betrieben werden. Da es denkbar ist, daß in jedem Wirtschaftsraum mehrere Betreiber in Konkurrenz zueinander stehen, ergibt sich eine entsprechend große Zahl öffentlich zugänglicher Bündelfunknetze.

7   Zukünftige Mobilfunkkonzepte (DECT, PCN, UMTS)

In diesem Kapitel werden die drei wichtigsten zukünftigen Entwicklungen DECT, PCN und UMTS kurz vorgestellt.

7.1 Digital European Cordless Telecommunications (DECT)

Während das neue paneuropäische Mobilfunksystem GSM das mobile Telefonieren flächendeckend ermöglichen wird, ist es für die Mobilkommunikation im Bürobereich bzw. Heimbereich weniger geeignet, da es einmal für den Heimbereich zu aufwendig und damit zu teuer ist und zum anderen die sehr hohen Verkehrsdichten in Bürokomplexen nicht bewältigen kann.

Andererseits werden seit einiger Zeit schnurlose Telefone auf dem Markt verkauft bzw. betrieben (CT0, CT1 bzw. CT2, siehe Kapitel 2.3), die jedoch bisher noch nicht universell im Heimbereich, Telepoint, bzw. Bürobereich einsetzbar sind.

Um die sich in diesem Bereich abzeichnende Marktlücke auszufüllen und nationale bzw. proprietäre Lösungen auszuschließen, entwickelt das ETSI einen offenen, paneuropäischen Standard für eine Luftschnittstelle, die den schnurlosen Zugang zu Telekommunikationsnetzen ermöglicht. Diesen Standard, der vom ETSI Technical Committee „Radio Equipment and Systems" (RES) entworfen wird, bezeichnet man als DECT. DECT wird eine Kommunikation in der Umgebung von öffentlichen Funkstationen, im Heim- und im Bürobereich ermöglichen. Der Teilnehmer kann mit seinem persönlichen DECT-Endgerät in allen drei Anwendungsfeldern kommunizieren.

Bei einem Einsatz in der Büroumgebung sind die dabei auftretenden sehr hohen Verkehrsdichten typisch. DECT wird daher derart ausgelegt, daß eine Verkehrsdichte von bis zu 10.000 Erlang / km^2 / Stockwerk erreicht werden kann. Aus diesem Grunde wird der DECT-Standard u. a. als Grundlage für zukünftige schnurlose Nebenstellenanlagen angesehen.

Um solch große Verkehrsdichten zu erreichen, müssen sehr kleine Zellen aufgebaut, betrieben und verwaltet werden können. Weiterhin sind entsprechende Roaming- und Handoverfunktionen notwendig.

Für Systeme nach dem DECT-Standard ist ein Frequenzband von 20 MHz im Frequenzband zwischen 1,88 und 1,9 GHz vorgesehen. Dieses wird in 10 Frequenzkanäle unterteilt.

Der Zugriff auf diese Kanäle geschieht mittels Zeitmultiplex, so daß ein Frequenzkanal mehrere Verkehrskanäle überträgt. Dazu wird, wie in Bild 7.1 dargestellt, der Datenstrom auf jedem Frequenzkanal in sogenannte Zeitrahmen strukturiert. Jeder Zeitrahmen dauert 10 ms.

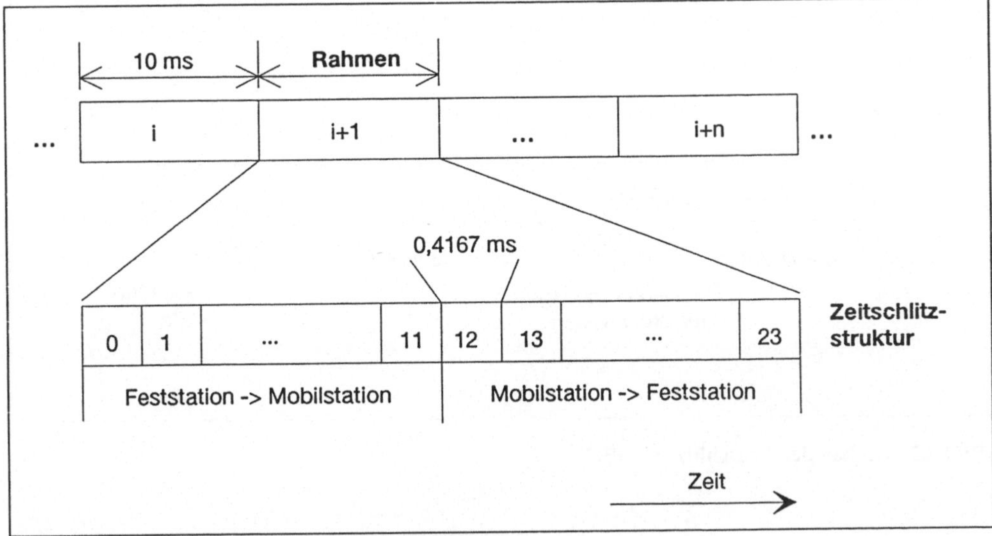

Bild 7.1 Rahmenstruktur in einem Frequenzkanal

Innerhalb der Zeitrahmen werden 12 Duplexkanäle übertragen. Zu diesem Zweck werden die Zeitrahmen in 24 Zeitschlitze aufgesplittet. Jeder Zeitschlitz ist einem Simplexübertragungskanal zugeordnet. Die ersten 12 Zeitschlitze (0 . . . 11 in Bild 7.1) werden zur Übertragung von den Feststationen zu den mobilen Endgeräten verwendet. Die Übertragung in Gegenrichtung findet bei diesem Zeitduplexverfahren in den zweiten 12 Zeitschlitzen statt. Die Zuteilung der Verkehrskanäle erfolgt dynamisch und wird dezentral gesteuert.

In Bild 7.2 ist der Aufbau eines Zeitschlitzes dargestellt. Die ersten 32 Bit in einem Zeitschlitz dienen zur Synchronisation der jeweiligen Kommunikationspartner. Im folgenden 388 Bit langen Datenfeld werden Steuer- und Nutzinformationen übertragen. Die abschließenden 60 Schutzbits sind notwendig, um Laufzeitunterschiede bzw. Ausbreitungsverzögerungen und Reaktionszeiten in den Sende- und Empfangsanlagen zu kompensieren.

Das oben angesprochene Datenfeld, das im unteren Teil von Bild 7.2 detailliert dargestellt ist, wird gebildet durch 48 Bits zur Übertragung von Steuerinformationen, durch einen 16 Bit großen Block, der zur Fehlererkennung dient, durch insgesamt 320 Bit Nutzinformation und abschließend durch 4 Paritätsbits.

Die Aufgaben der 48 Bits zur Systemsteuerung umfassen den Austausch von Kennungen der an der Verbindung beteiligten Feststation bzw. des Endgerätes, die Ver-

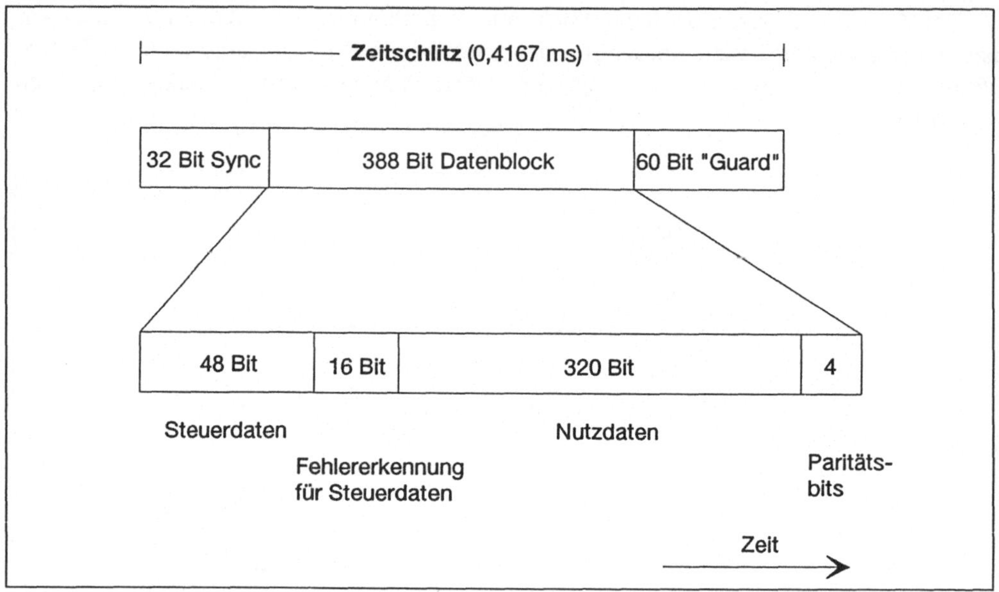

Bild 7.2 Aufbau der Zeitschlitze in DECT

bindungssteuerung und die Signalisierung zum Verbindungsauf- bzw. abbau. Dieser
Block wird durch die folgenden 16 Bits, die zur Fehlererkennung dienen, gesichert. Wird
ein Fehler erkannt, so wird die verfälschte Information erneut angefordert und nochmals
übertragen.

Der Nutzdatenblock umfaßt 320 Bit. Da ein Rahmen 10 ms dauert, werden pro
Sekunde 100 Rahmen übertragen, so daß sich eine Nettoübertragungsrate von 32 kbit/s
ergibt. Die Nutzdaten werden nicht durch besondere Fehlererkennungs- bzw. -korrektur-
mechanismen überwacht. Man rechnet mit einer Fehlerwahrscheinlichkeit von 10^{-3}, die
eine Sprachübertragung in ausreichender Qualität gewährleistet. Bei Datenübertragung
muß man weitergehende Schutzmechanismen durchführen. Die dabei notwendigen
redundante Information wird dann im Nutzfeld mitübertragen, so daß sich die Netto-
datenrate entsprechend verringert.

Die abschließenden 4 Paritätsbits werden nicht zur Fehlererkennung des Nutzfeldes
herangezogen, sie dienen vielmehr zur Erkennung von Interferenzen. Diese können insbesondere dann auftreten, wenn sich mobile Endgeräte, die mit der gleichen Frequenz
und auf demselben Zeitkanal aber in verschiedenen Zellen senden, einander nähern. Wird
eine Interferenz erkannt, so sucht sich das Endgerät einen besseren freien Kanal und
führt einen Wechsel auf diesen Kanal aus.

Das System wird sowohl auf Daten- als auch auf Sprachübertragung ausgelegt [Pos
91]. Dies wird dadurch erleichtert, daß die Übertragung sowohl der Steuerinformation als
auch der Nutzdaten digital erfolgt.

Die Bruttoübertragungsrate von 1152 kbit/s erlaubt eine Nettoübertragungsrate bei Datenübertragung von rund 250 kbit/s. In diesem Fall belegt die Datenverbindung mehrere Nutzkanäle parallel.

Sprache wird mit dem „Adaptive Differential Pulse Code Modulation-Verfahren" moduliert und erfordert 32 kbit/s. Weitere technische Merkmale sind der schnelle Verbindungsaufbau von 50 ms und Authentisierungs- und Verschlüsselungsfunktionen. Die Kommunikationsprotokolle sind den Schichten 1 bis 3 des OSI-Referenzmodells angelehnt.

DECT spricht ein breites Spektrum an möglichen Kunden sowohl im privaten als auch im kommerziellen Bereich an. Ein besonderer Vorteil dieses Systems wird in dem Umstand gesehen, daß die Benutzer ihren eigenen Handapparat sowohl im Bürobereich, als auch daheim und in der Öffentlichkeit verwenden können. Weiterhin wird DECT die bestehenden, bzw. im Probebetrieb oder in der Einführung befindlichen Telepoint-Anwendungen ersetzen.

Die bei DECT verwendete Technik erlaubt die Entwicklung und den Betrieb von leichten und kleinen Endgeräten. Dieser Vorteil wurde dadurch erkauft, daß die zum Betrieb notwendige Rechenleistung in den Endgeräten klein gehalten wurde.

Dies äußert sich unter anderem dadurch, daß das ausgewählte Sprachcodierverfahren im Vergleich zum GSM-Mobilfunknetz doch eine relativ große Übertragungsrate von 32 kbit/s (GSM: 13 kbit/s) benötigt. Ferner ist die Ausnutzung des Frequenzbandes bei DECT geringer als im GSM-Netz. Die Bandbreiteneffizienz, die durch den Quotient von Bruttoübertragungsrate durch Bandbreitebedarf gebildet wird, beträgt bei DECT 0,67 bit/s/Hz, bei GSM jedoch 1,35 Bit/s/Hz ([Goo 91]).

In Bild 7.3 sind wesentliche Leistungsgrößen von DECT- und GSM-Funknetzen vergleichend aufgelistet.

Während die Mobiltelefonnetze für Büroumgebungen aufgrund der relativ geringen Verkehrsdichte, die diese Systeme aufbringen können, nur bedingt einsetzbar sind, ist DECT für den Aufbau eines flächendeckenden großräumigen Mobilfunknetzes, nicht konzipiert. Insbesondere wurde auf eine genaue Definition von Netzfunktionen verzichtet und wie oben dargelegt, wurde beim Entwurf auf einfache und leicht zu handhabende Endgeräte geachtet.

System	GSM	DECT
Signal- übertragung	digital	digital
Frequenz- band (MHz)	890-915MHz 935-960 MHz	1880-1900 MHz
Zugriffs- verfahren	FDMA/TDMA	FDMA/TDMA
Duplex- verfahren	FDM	TDM
Reichweite	< 70 km	< 300m
Verkehrsdichte	ca. 200 E/km^2	10000 E/km^2
Bandbreiten- effizienz	1,35 Bit/s/Hz	0,67 Bit/s/Hz
Übertragungsrate pro Frequenzkanal	270,833 kbit/s	1,125 Mbit/s
Bandbreite pro Frequenzkanal	200 kHz	1.728 MHz
Übertragungsrate bei Sprache	13 kbit/s	32kbit/s

Bild 7.3 Technische Parameter von DECT und GSM

7.2 PCN – Personal Communication Network

Glaubt man den sehr optimistischen Vorhersagen, die man derzeit in den meisten Fachzeitschriften nachlesen kann, dann werden die GSM-Systeme in einigen der europäischen Ballungszentren bald nach ihrer Einführung ihre volle Kapazität erreicht haben. Hierbei ist schon berücksichtigt, daß eine signifikante Zahl potentieller GSM-Benutzer auf Telepoint-, Bündelfunk- oder Pagingsysteme ausgewichen sein werden. Auch DECT-Systeme werden nur einen kleinen Teil dieser Nachfrage substituieren können.

Sollten die Prognosen jedoch tatsächlich eintreffen, dann entsteht aus mittelfristiger Sicht eine Lücke zwischen den GSM- und DECT-Systemen einerseits und der Einführung neuer Systeme, wie sie im „RACE Mobile Project" *Universal Mobile Telecommunications System (UMTS)* erforscht werden. Einen Überblick über die Evolution der verschiedenen Mobilkommunikationssysteme ist in Bild 7.4 dargestellt [Whi 90].

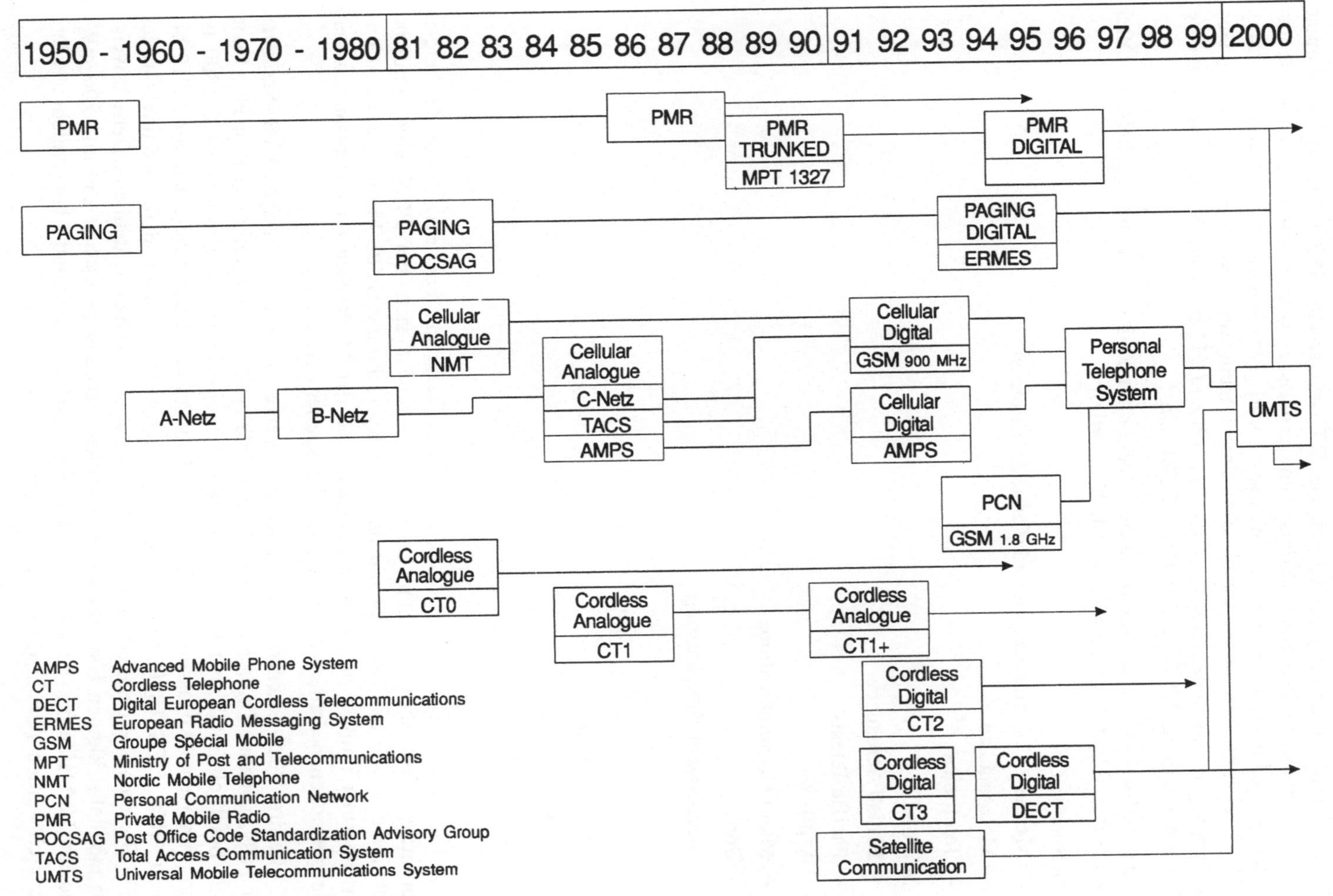

Bild 7.4 Evolution der Mobilkommunikation

Großbritannien, vertreten durch das DTI, war das erste europäische Land, welches die Lücke erkannte. Aufgrund dessen gab das DTI im Januar 1989 ein Diskussionspapier [DTI 89] heraus, in dem eine Interimslösung angerissen wurde. Das Konzept wurde unter der Bezeichnungen „Phones on the Move" und „Personal Communication Networks (PCN)" bekannt. Die Namenswahl sollte die Nutzung und Funktionalität des Systems wiederspiegeln. Nach den Vorgaben des DTI sollte PCN kein neues System, sondern eine Weiterentwicklung von DECT und/oder GSM sein.

Im Herbst 1989 vergab die britische Telekommunikations-Regulierungsbehörde Oftel Lizenzen an folgende drei internationale Konsortien:

- Mercury PCN
  - Mercury Communications Ltd (Cable & Wireless)
  - Motorola Ltd
  - Telefonica
- Microtel
  - British Aerospace
  - Pacific Telesis
  - Millicom
  - Matra Communications
  - Sony
  - Independent Broadcasting
- Unitel
  - STC (Northern Telecom)
  - DBP Telekom
  - US West
  - Thorn EMI

Ende 1990 gab es zwischen Microtel und Unitel Gespräche über eine Fusion der beiden Konsortien. Mit diesen Fusionsgesprächen zeichnet sich bei PCN eine ähnliche Entwicklung wie bei Telepoint mit der Mercury Callpoint/BYPS-Fusion ab. Die Konsortialpartner mußten inzwischen erkennen, daß der Markt sich im Gegensatz zu den hochgestochenen Vorhersagen wesentlich langsamer entwickelt.

Alle drei PCN-Lizenznehmer wollen ihre Netze auf dem zukünftigen ETSI-Standard für PCN, genannt *Digital Cellular System 1800 (DCS 1800)* aufbauen [Ste 90]. Ende 1990 beschloß ETSI, daß PCN auf der GSM-Technologie basieren soll. DCS 1800 ist also primär eine Anpassung des GSM-Standards an den Frequenzbereich von 1,710 bis 1,880 GHz. DCS 1800 wird die Schnittstellenspezifikation und die Architektur des GSM-Systems übernehmen. Durch die Modifikationen soll außerdem eine Betriebsweise mit möglichst kleinen Handapparaten niedriger Leistung (zwischen 250 und 200 mW) und eine Verkleinerung der Zellen auf Radien zwischen 150 m und 8 km erreicht werden. Dadurch werden Verkehrsdichten von bis zu 500 E/km^2 erreicht.

Die ersten Produkte von DCS 1800-Systemen werden 1992 erwartet.

In Deutschland wurde vom Bundesminister für Post und Telekommunikation eine Ausschreibung für eine PCN-Lizenz im Frühjahr 1992 angekündigt ([Fun 92]). Dieses Mobilfunknetz, das als E1-Netz bezeichnet wird, wird im 1,8 GHz-Bereich nach dem DCS 1800 Standard betrieben werden.

7.3 UMTS - Universal Mobile Telecommunications System

Nachdem PCN also kein neues, sondern nur ein modifiziertes System ist, wird abschließend ein Ausblick auf das schon in Kapitel 2.5 kurz erwähnte Mobilkommunikationssystem der 3. Generation Universal Mobile Telecommunications System (UMTS) gegeben.

UMTS ist ein 1986 aus der RACE-Definitionsphase heraus enstandenes Projekt. Das Projekt wurde im Januar 1988 als Fünfjahresprogramm mit dem Ziel gestartet, ein Mobilkommunikationssystem für die Jahrtausendwende zu konzipieren. Das Projekt-Konsortium wird von der Firma Philips geleitet und bezieht 26 Organisationen aus 13 verschiedenen europäischen Ländern mit ein.

Parallele Forschungs- und Normungsarbeiten zu Mobilfunksystemen der dritten Generation werden auch in den Gremien ETSI und CCIR durchgeführt.

Das Hauptziel des Projekts ist es, dem Anwender ein einziges kleines Endgerät für alle Einsatzgebiete, zu Hause, im Büro, unterwegs im Auto, Zug, Flugzeug und als Fußgänger zur Verfügung zu stellen. Gleichzeitig soll das System auch in der Lage sein, ein breites Spektrum neuer Dienste anbieten zu können. Um den Handapparat wirklich überall einsetzen zu können, ist eine gemeinsame Luftschnittstelle für alle Einsatzbereiche, vor allem auch unter dem Gesichtspunkt mehrerer Netzbetreiber der wichtigste Aspekt.

Die Luftschnittstelle muß derart flexibel ausgelegt sein, daß die weltweite Integration der heutigen unterschiedlichen Funkkommunikationsysteme wie z.B. Mobiltelefon-, Telepoint-, Bündelfunk-, Datenfunk-, bzw. Satellitenfunksysteme möglich ist. Es ist vorgesehen für UMTS eine Bandbreite von 200 MHz im Frequenzbereich um 2 GHz zur Verfügung zu stellen.

UMTS soll weiterhin den Benutzern eine Übertragungskapazität entsprechend dem ISDN zur Verfügung stellen. Das heißt über die Luftschnittstelle werden pro Verbindung je zwei Nutzkanäle zu 64 kbit/s und ein Steuerkanal von 16 kbit/s übertragen, was von der Übertragungskapazität her bereits Dienste wie Bildfernsprechen ermöglichen würde.

Für Sonderanwendungen z.B. für die Anbindung von "Workstations" an LANs oder öffentliche Breitbandnetze werden auch Breitbandverbindungen im UMTS angeboten werden.

Weitere wichtige Bereiche sind die Gebührenabrechnung und -zuordnung und die gemeinsame Datenhaltung für die Lokalisierung und Wegeleitung im Falle verschiedener

Netzbetreiber. In diesem Zusammenhang wird das Konzept der „Intelligenten Netze" eine wichtige Rolle spielen.

Mit ersten Testumgebungen wird in den Jahren 1993 bis 1994 gerechnet. Die Standards sollen bis 1998 zur Verfügung stehen, so daß mit der Einführung von UMTS zur Jahrtausendwende gerechnet werden kann.

Im nächsten Jahrtausend, so spekulieren Experten, wird das explosionsartige Wachstum der mobilen Kommunikationssysteme der neunziger Jahre dank dieser Systeme der 3. Generation einen neuerlichen Schub erfahren.

Schlußwort

Unsere Zeit ist geprägt durch einen schnellen und grundlegenden technologischen Wandel. Dieser wirkt sich auf alle Bereiche unserer Gesellschaft sowohl in der Privatsphäre des Einzelnen als auch im geschäftlichen Leben aus.

Ein Merkmal dieses Wandels ist die gestiegene individuelle Mobilität. Ein weiteres Merkmal der heutigen Zeit ist die steigende Bedeutung von Information. Information und „Know-How" wird als Schlüsselfaktor für das wirtschaftliche Überleben gegenüber den klassischen Produktivitätsfaktoren immer wichtiger.

Aus diesem Grund ist in den letzten Jahren für Unternehmen, die Information bereitstellen, indem sie diese sammeln und diese an den benötigten Ort transferieren, ein neuer Markt entstanden. Diese Dienstleistungsunternehmen verändern die Märkte der Kommunikationsindustrie derart, daß sie die klassische Konstellation zwischen Hersteller, Netzbetreiber und Telekommunikationskunden erweitern, indem sie die von den Netzbetreibern angebotenen Kommunikationskapazitäten an die Anforderungen spezieller Kundengruppen anpassen und diese dann ihren Kunden anbieten.

Unternehmen, die solche Dienste anbieten, werden daher als Diensteanbieter oder „Service-Provider" bezeichnet. Die Grundlage für diesen neuen Markt wurde durch eine neue Regulierungspolitik auf dem Telekommunikationsmarkt geschaffen. Der Trend zur Deregulierung in diesen Bereichen zeichnet sich weltweit ab. In Deutschland wurde die Neuregelung des Telekommunikationsmarktes durch das „Gesetz zur Neustrukturierung des Post-und Fernmeldewesens und der Deutschen Bundespost" [BMPT 89], das am 1. Juli 1989 in Kraft trat, durchgeführt.

Durch dieses Gesetz werden Bereiche des Telekommunikationsmarktes, die bisher von der Deutschen Bundespost monopolartig betrieben wurden, dem Wettbewerb geöffnet. Es sind dies unter anderem der Markt der Mehrwertdienste [EFr 91] und der Mobilfunk. Dadurch wird es Diensteanbietern und in gewissen Bereichen wie dem Mobilfunk auch privaten Netzbetreibern erlaubt, am Markt teilzunehmen. Die neue Wettbewerbssituation führt zu neuen Diensten und Dienstleistungen auf dem Kommunikationssektor.

Die Trends einmal hin zu größerer Mobilität und zum anderen die steigende Bedeutung der Information und speziell des Zugriffs auf Information scheinen sich gegenseitig nicht zu begünstigen. Je größer die Mobiltität eines Mitarbeiters eines Unternehmens wird, desto schwieriger wird es, ihn zu erreichen. Umgekehrt kann es für eine stark mobile Person schwierig werden, rechtzeitig an wichtige Informationen zu gelangen. Die sich in diesem Bereich abzeichnende Lücke kann durch die Kommunikationstechnik und insbesondere durch Mobilfunksysteme geschlossen werden.

Zwei zukünftige Entwicklungen seien an dieser Stelle beispielhaft angeführt. Es ist dies einmal der Trend zu multimedialen Systemen. Diese erlauben die Übertragung von unterschiedlichen Datenformaten wie Text, Daten, Sprache und Bilder gleichzeitig. Zum anderen ist dies die Weiterentwicklung der Funktechnik und insbesondere der in diesem Buch beschriebenen Mobilfunksysteme. Während die Mobilfunksysteme die Kommunikation unabhängig vom jeweiligen Aufenthaltsort ermöglichen und somit die Mobilität direkt unterstützen, können multimediale Systeme z.B. Videokonferenz- oder Bildtelefonanlagen die Reise zum Gesprächspartner ersetzen. Nichtsdestoweniger zeichnet sich ab, daß die Mobilfunksysteme der nächsten Generation auch die Übertragung multimedialer Information ermöglichen werden.

Um in Zukunft auf nationalen und internationalen Märkten erfolgreich zu sein, ist es für Unternehmen und deren Mitarbeiter von immer größerer Wichtigkeit, informiert zu sein. Die große Herausforderung an die Kommunikationstechnik, die sich daraus ableiten läßt, lautet:

> *Die benötigte Information muß jederzeit, an jedem Ort und*
> *mit höchster Vertraulichkeit verfügbar sein.*

Die in diesem Buch beschriebenen paneuropäischen Mobilfunksysteme sind ein wichtiger Schritt zur technischen und organisatorischen Lösung dieser Herausforderung.

Nicht zuletzt sei darauf hingewiesen, daß wenn sich die Mobilfunksysteme in der Geschäftswelt durchgesetzt haben, diese sich durch die einsetzende Massenproduktion verbilligen werden und dann auch für den privaten Gebrauch für einen immer größer werdenden Kundenkreis interessant werden. Die Standardisierung der paneuropäischen Systeme und der daraus ableitbare große europäische bzw. internationale Markt wird große Stückzahlen und günstige Preisbedingungen erlauben, so daß mobile Kommunikation in Zukunft durchaus nicht nur für einen exklusiven Nutzerkreis reserviert bleiben wird.

Anhang

Liste der verwendeten Abkürzungen

[ADPCM]	Adaptive Differential Pulse Code Modulation
[AEK]	Anschalteeinheit für Kommunikationseinrichtungen
[AMPS]	Advanced Mobile Phone System
[ARQ]	Automatic Request
[AUC]	Authentication Centre
[BCCH]	Broadcast Control Channel
[BCT]	Business Cordless Telecommunications
[Bm]	Verkehrskanal im GSM-System
[BOS]	Behörden und Organisationen mit Sicherheitsaufgaben
[BSC]	Basis Station Controller
[BSS]	Base Station System, Basisstationssystem
[BTS]	Base Transceiver Station
[CDM]	Code Division Multiplex
[CAI]	Common Air Interface
[CCCH]	Common Control Channel
[CCITT]	Comité Consultatif International Téléphonique et Télégraphique
[CCH]	Control Channel, Steuerkanal
[CEPT]	Conférence Europèene des Administrations des Postes et des Télécommunications
[CSMA]	Carrier Sense Multiple Access
[CSMA/CD]	Carrier Sense Multiple Access/Collision Detection
[CT]	Cordless Telephone
[DBP]	Deutsche Bundespost
[DCCH]	Dedicated Control Channel
[DCS]	Digital Cellular System
[DECT]	Digital European Cordless Telecommunications
[DFS]	Deutscher Fermelde-Satellit
[DFSK]	Differential Frequency Shift Keying
[DS]	Dispatcher Station
[DSCDM]	Direct Sequence Code Division Multiplex

[DSRR]   Digital Short Range Radio
[DTI]   Department of Trade and Industry

[EHF]   Extremly High Frequencies
[EIR]   Equipment Identity Register
[ERMES]   European Radio Messaging System
[ETACS]   Enhanced or Extended Total Access Communication System
[ETSI]   European Telecommunications Standards Institute
[EUTELSAT] European Telecommunications Satellite Organization

[FACCH]   Fast Associated Dedicated Control Channel
[FDD]   Frequency Division Duplex
[FDM]   Frequency Division Multiplex
[FDMA]   Frequency Division Multiple Access
[FEC]   Forward Error Correction
[FFSK]   Fast Frequency Shift Keying
[FH]   Frequency Hopping
[FM]   Frequenzmodulation
[FSK]   Frequency Shift Keying
[FuFSt]   Funkfeststaion
[FuTelG]   Funktelefongerät
[FuVst]   Funkvermittlungsstelle

[GMSK]   Gaussian Minimum Shift Keying
[GPS]   Global Positioning System
[GSM]   Groupe Spécial Mobile, Global System for Mobile Communication

[HF]   High Frequencies
[HLR]   Home Location Register

[IEEE]   Institute of Electrical and Electronics Engineers
[INMARSAT] International Maritime Satellite Organization
[INTELSAT] International Telecommunications Satellite Organization
[IMSI]   International Mobile Subscriber Identity
[ISDN]   Integrated Services Digital Network
[ISO]   International Standardisation Organisation

[J-TACS]   Japan Total Access Communication System

[Kc]   (Schlüssel zur Authentisierung im GSM-System (s. Kap. 3.4.3))
[Ki]   (geheimer Schlüssel zur Authentisierung im GSM-System (s. Kap. 3.4.3))

[LAI]   Local Area Identification
[LAN]   Local Area Network

[LAP]   Link Access Procedure
[LF]   Low Frequencies
[Lm]   Verkehrskanal im GSM-System
[LTP]   Long Term Predictor

[MF]   Medium Frequencies
[MPT]   Ministry of Post and Telecommunication
[MoU]   Memorandum of Understanding
[MS]   Mobile Station, mobiles Endgerät
[MSC]   Mobile Switching Centre, Master System Controller

[NMTS]   Nordic Mobile Telephone System
[nömL]   nicht öffentlicher mobiler Landfunk

[ömL]   öffentlicher mobiler Landfunk
[OMC]   Operation and Maintenance Centre
[OMSS]   Operations and Maintenance Subssystem
[OSI]   Open Systems Interconnection

[PABX]   Private Automatic Branch Exchange, Nebenstellenanlage
[PAM]   Pulsamplitudenmodulation
[PCN]   Personal Communication Network
[PLMN]   Public Land Mobile Network
[PMR]   Private Mobile Radio
[PSK]   Phase Shift Keying
[PSTN]   Public Switched Telephone Network

[RACE]   Research and Development for Advanced Communication in Europe
[Rand]   (Zufallszahl zur Authentisierung im GSM-System (s. Kap. 3.4.3))
[RPE]   Regular-Pulse Excitation

[SACCH]   Slow Asociated Dedicated Control Channel
[SCR]   Spatial Channel Reuse
[SDCCH]   Stand Alone Dedicated Control Channel
[SHF]   Super High Frequencies
[SIM]   Subscriber Identity Module
[SIMEG]   Subscriber Identity Module Expert Group
[SMSS]   Switching and Management Subsystem, Vermittlungssubsystem
[SRes]   Signed Response (Code zur Authentisierung im GSM-System (s. Kap.
             3.4.3))

[TACS]   Total Access Communication System
[TCH]   Traffic Channel, Verkehrskanal
[TDD]   Time Division Duplex

[TDM]   Time Division Multiplex
[TDMA]   Time Division Multiple Access
[TFTS]   Terrestrial Flight Telephone System
[TIM]   Telepoint Subscriber Identity Module
[TIMEG]   Telepoint Subscriber Identity Module Expert Group
[TSC]   Trunked System Controller

[UHF]   Ultra High Frequencies
[UMTS]   Universal Mobile Telecommunication System

[VHF]   Very High Frequencies
[VLF]   Very Low Frequencies
[VLR]   Visitor Location Register
[VSAT]   Very Small Aperture Terminal

[ZVst]   Zentralvermittlungsstelle

Literaturverzeichnis

[Aus 90]   Ausprung, Heinz
                „Intelligenz" in Mobilfunknetzen
                Funkschau 3/1990; S. 56 ff.

[Bal 90]   M. Ballard, E. Issenmann
                Digital Cellular Mobile-Radio System ECR900
                European Transactions on Telecommunications and Related Techno-
                logies
                Nr. 1 -1990; Vol. 1

[Bey 88]   Ulf Beyschlag (Hrsg.)
                OSI in der Anwendungsebene
                Datacom, 1988

[BMPT 89]   Bundesminister für Post und Telekommunikation
                Gesetz zur Neustrukturierung des Post- und Fernmeldewesens und der
                Deutschen Bundespost, 1. 7. 1989

[Böh 88]   M. Böhm
                Das mobile Funktelefon im Aufbruch
                ntz. Bd. 41 (1988), Heft 11

[Bos 91]   M. Bossert
                Funkübertragung im GSM-System
                Funkschau, 22/1991

[Cal 90]   Ross Caldwell
                Towards a European Standard with a Common Air Interface
                Telecommunications September 1989; S. 57 ff

[Chn 90]   George Calhoun
                Digital Cellular Radio
                Artech House Inc., 1988

[CCITT 90a]   Blue Book, Vol. VI, Fascicle VI.7:
                Specification of Signalling System No. 7

[CCITT X.200]   Blue Book, Fascicle VII.4, 1988:
                Data communication networks: Open Systems Interconnection (OSI)
                 Model and notification, service definition.
                Recommendations X.200 – X.219 (Study Group VII)
                Inhaltsgleicher ISO-Standard: ISO 7498

[CCITT X.400]   CCITT Blue Book, 1988, X.400 Series
                Message Handling Systems
                Inhaltsgleicher ISO-Standard: 8505

[CCITT X.500] CCITT Blue Book, 1988, X. 500 Series
               The Directory
               Inhaltsgleicher ISO-Standard: 9594

[DBP 88]   J. Hermanns, G. Strunz
               Das Funktelefon-Netz C der Deutschen Bundespost
               Der Fernmeldeingenieur, Hefte Dez. 1987, Jan./Feb. 1988,
               März/Apr. 1988

[DBP 89]   Ott W., Westphal R., Kaufmann J., Müller P., Schmitt L.
               Kartenanwendungen im Fernmeldewesen
               Der Fernmeldeingenieur, Heft 8/9, August/September 1989

[DIN 40015]   Frequenz- und Wellenlängenbereiche
               Deutsche Elektrotechnische Kommission im DIN und VDE (DKE),
               Juni 1985

[DTI 89] U.K.   Department of Trade and Industry (DTI)
               Phones on the Moves – Personal Communications in the 1990's
               DTI Telecommunications and Posts Division
               London, January 1989

[DTI 90] U.K.   Department of Trade and Industry (DTI)
               Technical Overview of the United Kingdom Trunking Standards
               DTI Radiocommunications Div., Mobile Technology Section
               DTI/LMSC/RES6, London, 6th December 1988

[DoB 90]   Hans Dodel, Michael Baumgart
               Satellitensysteme für Kommunikation, Fernsehen und Rundfunk
               Hüthig-Verlag, Heidelberg, 1990

[EfF 86]   W. Effelsberg, A. Fleischmann
               Das ISO-Referenzmodell für offenen Systeme
               und seine sieben Schichten
               Informatik-Spektrum, 1986, Heft 9

[EFr 91]   R. Eberhardt, W. Franz
               Mehrwertdienste und deren Umfeld
               ntz, Bd. 44 (1991), Heft 7

[Ehn 89]   P. Ehnert, H. Zier
               Cityruf – ein neuer Funkdienst
               Telenorma Nachrichten, 1989 Heft 93

[Eur 90]   European Milestones
               Mobile Europe, October 1990

[FoW 90]   Forkert, Wozny
               Mobilfunk-Handbuch
               ömL – nömL öffentlicher und nichtöffentlicher mobiler Landfunk
               Herausgeber: Funkspiegel, Wuppertal

[Fre 87]   Roger L. Freeman
                Radio System Design for Telecommunications (1-100 GHz)
                John Wiley & Sons, 1987

[FTZ 89]   Fermeldetechnisches Zentralamt
                Technische Richtlinie FTZ 171 TR2

[Fun 90a]   Funkschau 8/1990, S. 24 ff
                Kleinkrieg im Äther, Betriebsfunk - Bündelfunk

[Fun 92]   Funkschau 4/1992, S. 8
                PCN-Lizenz: Ausschreibung im Frühjahr

[Gab 90]   L. Gabler, W. D. Picken
                Mobilfunkpraxis Band 2
                Franzis-Verlag GmbH, München, 1990

[Goo 91]   D. J. Goodman
                Trends in Cellular and Cordless Communications
                IEEE Communications Magazine, June 1991

[GSM 1.02]   ETSI/Technical Committee GSM
                General Description of a GSM PLMN

[GSM 2.02]   ETSI/Technical Committee GSM
                Bearer Services Supported by an GSM PLMN

[GSM 2.03]   ETSI/Technical Committee GSM
                Teleservices Supported by a GSM PLMN

[GSM 2.04]   ETSI/Technical Committee GSM
                General on Supplementary Services

[GSM 3.20]   ETSI/Technical Committee GSM
                Security-related Network Functions

[GSM 3.42]   ETSI/Technical Committee GSM
                Technical Realization of Advanced Data MHS Access

[GSM 4.03]   ETSI/Technical Committee GSM
                MS-BSS interface: channel structure and access capabilities

[GSM 6.10]   ETSI/Technical Committee GSM
                GSM full rate speech transcoding

[GSM 9.03   ETSI/Technical Committee GSM [GSM 9.03. . . 9.10]
 . . . 9.10]   Standards zum Themenkomplex "Interworking Functions"

[Heg 90]   Michael Hegenbarth
                Was sind Chipkarten?
                ntz, Bd. 43, 1990, Heft 10, S. 714 ff

[Heg 90]   Michael Hegenbarth
                Wo steht die Normung von Chipkarten heute?
                ntz, Bd. 43, 1990, Heft 10, S. 720 ff

[Hil 89]   F. Hillebrand
                Mobil-Telekommunikationsnetz D
                Mobilkommunikation, Hrsg. G. Bolle, S. 113 ... 140
                Springer-Verlag 1989

[Hil 90]   F. Hillebrand
                Datenkommunikation im digitalen Mobilfunknetz
                Funkschau 3/1990

[Ise 90]   Peter Iselt
                Leistungsmerkmale und Technik in Bündelfunksystemen
                Tagungsband Mobilfunk '90, Telematica 1990,
                Messe Stuttgart International

[ISO 84]   ISO: International Standard 7498, Open Systems Interconnection
                Basic Reference Model, 1984

[ISO 8571]   International Standard 8571:
                File Transfer Access and Management, 1988

[Jac 90]   Jacob, D.
                Telekommunikation am Arbeitsplatz –
                Anwendungen/Technologien im Vergleich
                Unterlagen Fiba-Fachseminar:
                Telepoint – die Alternative zum Mobilfunk, 21.6.1990

[KaK 90]   A. Kanbach, A. Körber
                ISDN - Die Technik
                Hüthig Buch Verlag Heidelberg, 1990

[Ked 90a]   Kedaj, J.
                DSRR – Digital Short Range Radio
                Unterlagen Fiba Fachseminar:
                Standards der mobilen Kommunikation, 22. 5. 1990 München

[Ked 90b]   Kedaj, J.
                Marktstrukturen bei den Funktelefonnetzen B/B2, C
                Diensteentwicklung und Bedarfsdeckung
                Tagungsband: Telematica Mobilfunk '90; 19. . . . 21.9.1990; Stuttgart

[Kei 90]   Hartmut Keinath
                Private Bündelfunk und Datenfunknetze
                Tagungsband Mobilfunk '90, Telematica 1990,
                Messe Stuttgart International

[Ker 90]   Tom Kerver
                Global Paging by Satellite
                Global Communications, Sec. Quarter 1990

[Küh 90]   Kühn W.
                Neue Dienste mit dem Einsatz schnurloser Telefone –
                Idee, Konzept, Realisierung von Telepoint
                Unterlagen Fiba Fachseminar:
                Telepoint - die Alternative zum Mobilfunk, 21. 6. 1990

[KSp 90]   F. Krückeberg, O. Spaniol (Hrsg.)
                Informatik und Kommunikationstechnik Lexikon
                VDI-Verlag

[Lab 90]   Werner Laber
                Erfahrungen eines Bündelfunkbetreibers – Konzeption und Realisierung
                eines Netzes auf dem Flughafen Frankfurt
                Unterlagen Fachseminar "Neue Marktchancen Bündelfunk"
                Fiba Kongresse, München 1990
                VDI-Verlag

[LNT 87]   B. M. Leiner, D. L. Nielson, F. A. Tobagi
                Issues in Packet Radio Network Design
                Proceedings of the IEEE, Vol. 75, No. 1, January 1987

[Moc 90]   Gerhard Mocker
                VSAT – Pilotsystem für satellitengestützte Datenübertragung
                ntz, Februar 1990

[MPT 1317]   U.K. Department of Trade and Industry (DTI)
                Code of practice for the transmission of digital information over land
                mobile radio systems
                DTI Radiocommunications Div., Mobile Technology Section
                London, April 1981

[MPT 1318]   U.K. Department of Trade and Industry (DTI)
                Engineering Memorandum: Trunked systems in the land mobile service
                DTI Radiocommunications Div., Mobile Technology Section
                London, February 1986

[MPT 1323]   U.K. Department of Trade and Industry (DTI)
                Performance Specification: Angle modulated radio equipment for use at
                fixed and mobile stations in the mobile radio service operating in the
                frequency band 174-225 MHz
                DTI Radiocommunications Div., Mobile Technology Section
                London, December 1987

[MPT 1327]   U.K. Department of Trade and Industry (DTI)
                A signalling standard for trunked private land mobile radio systems
                DTI Radiocommunications Div., Mobile Technology Section
                London, January 1988

[MPT 1331]   U.K. Department of Trade and Industry (DTI)
               Code of practice for radio site engineering
               DTI Radiocommunications Div., Mobile Technology Section
               London, April 1987

[MPT 1334]   U.K. Department of Trade and Industry (DTI)
               Performance Specification: Radio equipment for use at fixed and
               portable stations in the Cordless Telephone Service operating in the
               band 864.1 to 868.1 MHz
               DTI Radiocommunications Div., Mobile Technology Section
               London, December 1987

[MPT 1343]   U.K. Department of Trade and Industry (DTI)
               Performance Specification: System interface specification for radio
               units to be used with commercial trunked networks operating in band III
               sub band 2
               DTI Radiocommunications Div., Mobile Technology Section
               London, January 1988

[MPT 1347]   U.K. Department of Trade and Industry (DTI)
               Radio interface specification for commercial trunked networks opera-
               ting in band III sub band 2
               DTI Radiocommunications Div., Mobile Technology Section
               London, August 1988

[MPT 1352]   U.K. Department of Trade and Industry (DTI)
               Test schedule for the approval of radio units to be used with commercial
               trunked networks operating in band III sub band 2
               DTI Radiocommunications Div., Mobile Technology Section, London

[MPT 1375]   U.K. Department of Trade and Industry (DTI)
               Common Air Interface (CAI) specification: To be used for the
               interworking between cordless telephone apparatus including public
               access services
               DTI Radiocommunications Div., Mobile Technology Section
               London, May 1989, November 1989, February 1990

[ntz 90]   Detecon und Mannesmann erwarten 2 Mio. GSM-Mobilfunkteilnehmer
               ntz Bd. 43 (1990) Heft 2

[Pet 90]   Neues Rennen für private Anbieter
               Funkschau 18/1990

[PeW 90]   W. Peterson, E. J. Weldon
               Error Correcting Codes
               Cambridge, Mass., MIT Pr., 1990

[Pin 89]   M. Pinches
               GSM Infrastructure takes Shape
               Telecommunications Heft Dezember 1989

[PKI 89]   Philips Kommunikations Industrie AG
Bündelfunk in der Bundesrepublik Deutschland

[POC 78]   Standard Message Formats for Digital Radiopaging POCSAG
British Telecom

[Pos 91]   D. Postlethwaite
Will DECT do for data?
Communications International, October 1991

[PSM 82]   R. L. Pickholtz, D. L. Schilling, L. B. Milstein
Theory of Spread-Spectrum Communications – A Tutorial
IEEE Transactions on Communications, Vol. Com-30, No. 5

[Pur 87]   M. B. Pursley
The Role of Spread Spectrum in Packet Radio Networks
Proceedings of the IEEE, Vol. 75, No. 1, Jan. 1987

[Rei 90]   Peter Reitberger
Frequenznutzung im Bündelfunk im Hinblick auf wirtschaftliche Auf-
wendung und Wettbewerbssituation
Tagungsband Mobilfunk '90, Telematica 1990,
Messe Stuttgart International

[Roh 90a] Peter Rohde
Paging – die Alternative im Mobilfunk
Unterlagen Fiba Fachseminar:
Paging – die Alternative zum Mobilfunk, 9. 5. 1990 München

[Roh 90b] Peter Rohde
Euromessage im Funkrufdienst Cityruf der DBP Telekom
Unterrichtsblätter der Deutschen Bundespost Telekom
Heft 5, 10. Mai 1990, 43. Jahrgang

[RoS 90]   R. Rom, M. Sidi
Multiple Access Protocols
Springer-Verlag, 1990

[Rüc 89]   Johannes Rückert
Ein Kanalzugriffsprotokoll für Datenfunknetze mit Stationen beschränk-
ter Mobilität
Dr. Alfred Hüthig Verlag, Heidelberg

[Sch 86]   Manfred Schönfeld
Satellitenfunksysteme
Sonderheft: Nachrichtenübertragung auf Funkwegen
telecom report 9, 1986

[Sel 91]   Peter Scheele
Mobilfunk in Europa
R. v. Decker's Verlag, 1991

[SOSL 85]   M. K. Simon, J. K. Omura, R. A. Scholtz, B. K. Levitt
              Spread Spectrum Communications, vol. I, vol. II
              Computer Science Press, 1985

[Sta 90]   Wolfgang Stark
              Chekker – Konzeption und Entwicklung eines neuen Dienstes der DBP
              Telekom
              Unterlagen Fachseminar „Neue Marktchancen Bündelfunk"
              Fiba Kongresse, München 1990

[Sta 92]   H. W. Stapelmanns
              Das Marketing-Konzept entscheidet; Marktchancen von Bündelfunk-
              systemen
              net (1992), Heft 1-2

[Ste 89]   H. Steinmüller
              Bündelnetztechnik – Eine Lösung von heute für morgen
              Funkschau 24/89, 25/89

[Ste 90]   R. Steele
              Deploying Personal Communications Networks
              IEEE Communications Magazine, September 1990

[Str 90a]   Peter Striebel
              „Chekker" ist da!
              net 44 (1990), Heft 5, S. 188 ff.

[Str 90b]   Peter Striebel
              Chekker, der Bündelfunkdienst der Deutschen Bundespost Telekom
              Tagungsband Mobilfunk '90, Telematica 1990,
              Messe Stuttgart International

[Swo 73]   Jürgen Swoboda
              Codierung zur Fehlerkorrektur und Fehlererkennung
              München, Oldenbourg, 1973

[Tan 88]   A. S. Tanenbaum
              Computer Networks
              Prentice Hall, 1988

[Thi 92]   E. Thiele
              Privat, mobil, unabhängig, schnell
              System- und Netzstruktur von Bündelfunksystemen
              net 46 (1992), Heft 1-2

[Tut 90]   Wally H.W. Tuttlebee (Ed.)
              Cordless Telecommunications in Europe
              Springer-Verlag, 1990

[Unh 90]		Johannes Unholtz
			Technische Gestaltung bei Pagingdiensten: Teil I und II
			FiBa Fachseminar: Paging die Alternative zum Mobilfunk,
			10. Mai 1990, München

[Whi 90]		Philip Whitehead
			Closing the cellular gap
			Mobile Europe, October 1990

[ZVEI 43]		Zentralverband Elektrotechnik- und Elektronikindustrie e.V.
			Fachverband Informations- und Kommunikationstechnik
			ZVEI – Regionet 43: System-Schnittstellenspezifikation für regionale
			Bündelfunknetze im Bereich 400-470 MHz
			Frankfurt, 26. 04. 1990, Ausgabe 2

Sachwortverzeichnis